何大厨说味道

Chef He talks about Tastes

何亮（注册中国烹饪大师）
北京广播电视台《养生堂》栏目组　著

中国轻工业出版社

自序

一本好书正如一道回味无穷的精致美食。既要有主料、配料和调料，还要有好的口感、味道和故事。

出版社的编辑打来电话，让我给自己的这本书写个序，我一直在思考这个序该从何处开始写。或许，应该从这本书的设计与创作开始写，因为从开始构思到最终出版，这个过程已经有了七八年的时间。为什么会花费这么长时间呢？因为我总觉得书的内容还不够完美，总觉得还有欠缺之处。因此，我一直在思考如何呈现一本独特而新颖的美食书籍，并不断补充、挑选更有代表性的菜品，研究如何让读者在书本中体验到烹饪的乐趣。

在这本书中，我在北京卫视《养生堂》栏目中产出的内容是主料，“下厨房”APP我个人主页里的内容是配料，而每一道精致的美食和生活中的点滴故事则是调料。这些元素相互交融，共同构成了本书的核心内容。

本书在菜式选择上精益求精，本着“家常但不寻常”的理念，我精选了50道家常菜。其中，《养生堂》部分的菜品是根据专家推荐的养生食材特意为这个节目设计的。书中介绍的这些菜品同时也是我在烹饪教育教学过程中的经典菜品，每一道菜都是我用心设计、制作的，每一道菜品都蕴含着我几十年的学习、考察、教学、参加节目录制、参赛、评审和生活经验的积累和对中华传统厨艺的挖掘与探索。

通过阅读这本书，大家也能够读到我日常生活中的点点滴滴以及我几十年来始终如一的坚持。

一些复杂的菜品，如果没有这些年来对理论知识和实践操作的积累，很难做到将复杂的菜品变得简单。在这本书中，我希望读者们能够感受到我的用心和努力，品味到美食背后的故事。

在编辑上，我们投入了更多精力逐一推敲菜式信息，增加了“何氏秘笈”以及“食材营养小贴士”两个版块，提炼出下厨时需要注意的关键细节，指导读者快速地烹饪出地道美食。

这本书所介绍的菜品，制作时用到的调料比较多，口味多样，希望它能够带给读者一次美食之旅，让您在阅读的同时感受到烹饪的乐趣和生活的愉悦。无论您是喜爱收看《养生堂》、热衷于“下厨房”，还是关注烹饪教育、教学，这本书都将为您带来丰富的内容和独特的体验。

书中这些朴实、普通的南北美食，无论何时、何地，都能把生命中曾经发生过的点点滴滴串起。希望借由这本书，能让大家体会到亲自下厨的乐趣，用最简单的食材和最易学的方法，制作出营养美味的饭菜。我想，这应该就是“味道”吧！

让我们一起开始这场美食之旅吧！希望您也被“食光”温柔以待。

何亮 2023年10月

目 录

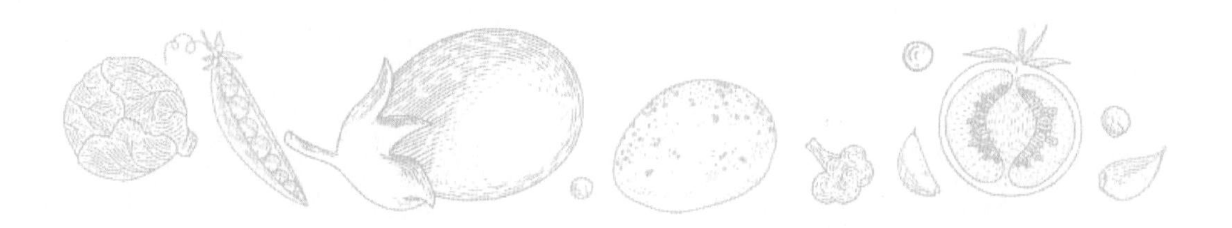

何氏私房菜 / 124

春季养生菜

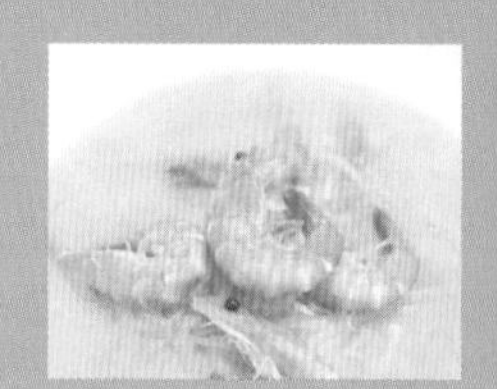

鸿运当头

hongyundangtou

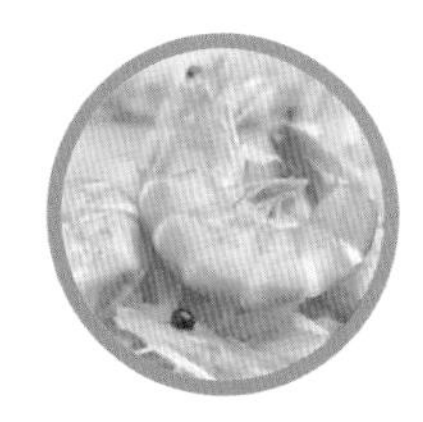

适合在农历新年
吃的一道菜，
寓意好，
营养价值高，
也叫“金玉满堂”。

“鸿运当头”又名“金玉满堂”，是特别适合在农历新年吃的一道菜。之所以又被叫作“金玉满堂”，是因为在所用的食材里，既有“金丝”，又有“银丝”，再加上美好的文化寓意，一直深受人们喜爱，人们也都希望把这道菜美好的寓意作为祝福送给自己和家人：顺风顺水顺财神，健康快乐有人疼。

制作时不油焖、不油炸，吃起来味道也很好。其实，营养、健康的菜都是操作时省事、省时的菜。制作这道菜时使用了水油和米油，又有蔬菜纤维和优质蛋白，富含营养。不仅如此，这道菜的名字带有很好的寓意，非常适合在新年与亲朋好友欢聚一堂时一起分享。

用米油做菜时，火候很重要。哪个先放，哪个后放，如何让各种食材都能同时成熟，也特别重要，下面就来介绍一下具体的制作方法。

食材营养小贴士

制作这道菜的油，非常讲究，用的是米油。米油的营养价值比小米和大米还要高。搭配的蔬菜色彩鲜艳，能刺激食欲。虾富含优质蛋白质，再搭配上南瓜丝、冬笋丝、白萝卜丝，很容易消化吸收。我们常说的“吃好”就是在搭配食材时，营养要均衡，烹饪方式要健康，摄入到身体里的营养要能够被消化吸收利用起来。

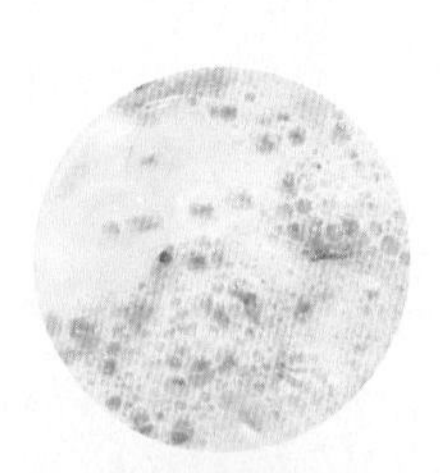

米油

食材

- 虾6只
- 南瓜50g
- 葱丝10g
- 胡椒粉2g
- 白萝卜30g
- 小米100g
- 姜丝10g
- 冬笋30g
- 大米150g
- 盐4g

小米油（左）
大米油（右）

食材准备

1 将大米和小米慢熬成粥，将浮在最上层的浓稠液体盛出，即为大米油和小米油。

2 将南瓜、冬笋、白萝卜 、姜切丝装盘待用。提前将冬笋丝煮至七成熟（约3分钟）。

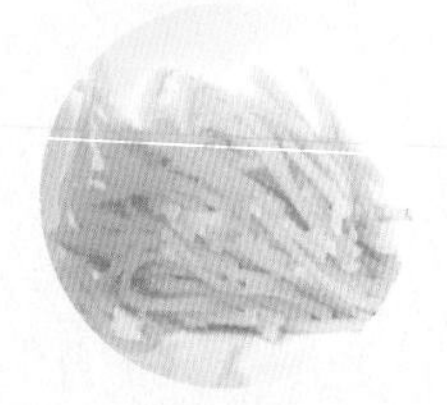

冬笋丝

做法

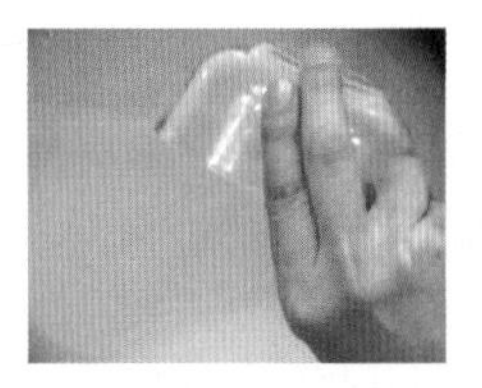

1 把熬好的大米油倒进锅里，再把熬好的小米油倒入锅里。

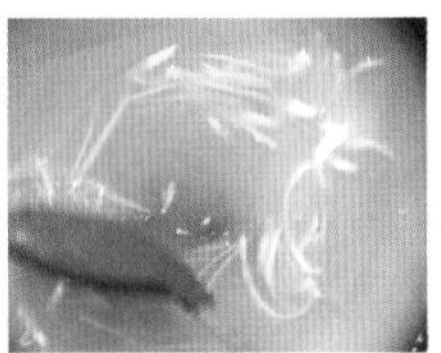

2 下入葱丝和姜丝，去腥、提香。

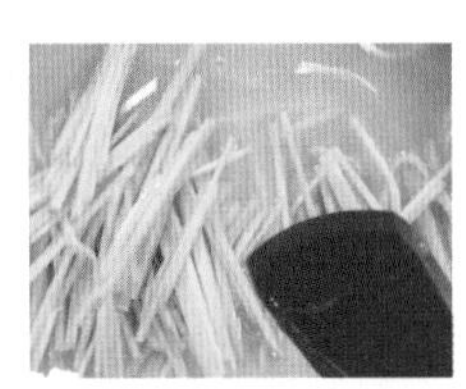

3 放入南瓜丝。南瓜丝不易熟，要先放入锅中，开锅后捞出备用。

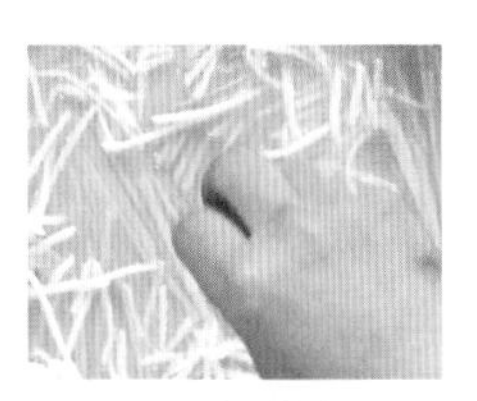

4 放入煮好的冬笋丝（将冬笋丝先煮至七成熟，下锅后，才能煮出冬笋丝的味道）。

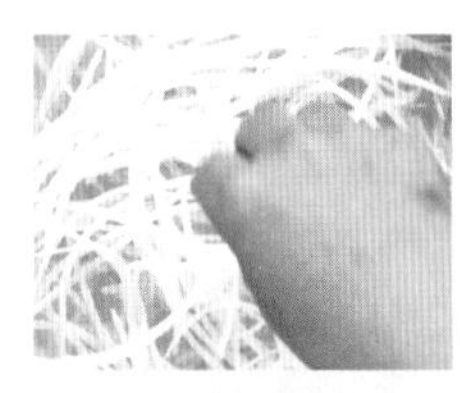

5 放入易熟的白萝卜丝。菜由下到上依次为南瓜丝、冬笋丝、白萝卜丝。稍微煮2分钟左右即可。

6 调味，放入盐和胡椒粉，胡椒粉可以去虾的腥味，再摆入处理好的虾（放6只虾还有“六六大顺”的寓意）。

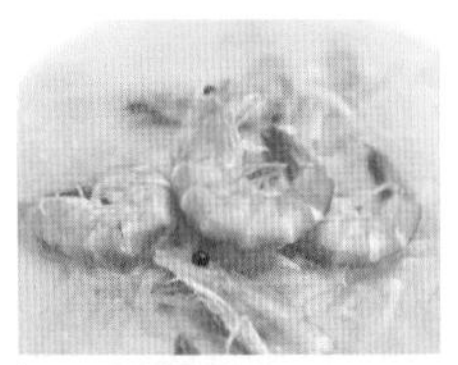

7 中火焖制45秒后，色彩红火、有“鸿运当头”寓意的这道菜就出锅了。

何氏秘籍

充分利用米香味来制作这道菜。米汤很稠，且含有淀粉。烹饪过程中加入适量米汤，不易澥汤，而且米香味还浓。再加入能提味的虾，味道鲜香。

门钉肉饼

mendingroubing

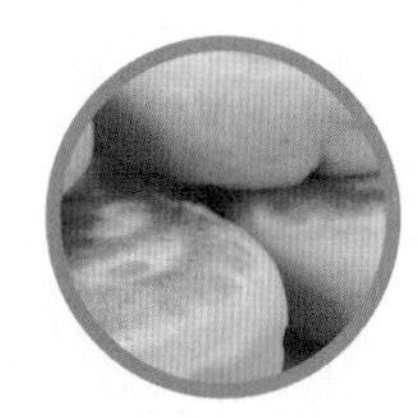

这道面点，
既有典故，
又有关于
老北京的记忆，
还有小时候的味道。

| 食材营养小贴士 |

门钉肉饼里的馅儿是牛肉馅。山楂具有一定的药用价值，既可以放在门钉肉饼的馅料里，又可以用来泡茶喝。中医认为，山楂不但有消食解腻、活血化瘀的作用，还有一定的减肥的功效。吃肉的时候，吃点山楂能消食解腻。做肉菜的时候放点山楂，还可以加快肉成熟的速度。

山楂的炮制方式有很多：生山楂、炒山楂、焦山楂。泡山楂水用的是生山楂。而消食的代茶饮用的是炒山楂。

在这里为大家介绍一个可消食的代茶饮方：将可以消面食的炒麦芽，可以消肉食、性温和、消食作用更强的炒山楂，可以消米食的炒谷芽一同泡水茶喝，有助消化、消解食滞的作用。

每个人内心都有一份家乡情，牵绊我们内心、让人念念不忘的，是家乡的味道、家乡的情。

门钉肉饼是一道北京的传统小吃，因其形取其名，为什么叫门钉肉饼？是因为这刚包好的形状就像城门钉。烙好的门钉肉饼外焦里嫩，皮薄馅儿大，汁水丰富。

过去的门钉肉饼，是只能在皇宫里吃到的小吃。小时候，不管去天安门还是去故宫，老北京人都会想到门钉肉饼。这道面点，既有典故又有关于老北京的记忆，还有小时候的味道。

食材

- 牛肉500g
- 葱末100g
- 盐2g
- 酱油24g
- 小苏打2g
- 山楂水50g
- 香料油（做法见下）25g
- 白胡椒粉2g
- 料酒24g
- 洋葱末100g
- 鸡蛋1个
- 味精2g
- 甜面酱4g

食材准备

1 和面：常用50～60℃的温水，如果家里有老人，可以用70℃的温水。

2 香料油：将大料、桂皮、砂仁、豆蔻、白芷、葱、姜、蒜放入烧热的油中炸出香味。

3 选取牛上脑肉和腰窝肉，肥瘦相间，肥肉、瘦肉的用量是2∶8或者3∶7。剁成肉馅。

做法

1 和肉馅：在剁好的肉馅里，放入小苏打（可以增嫩）。打入鸡蛋，加入盐，加入白胡椒粉去腥。加入味精、酱油、料酒、适量甜面酱。最后分两三次打入山楂水。

2 拌辅料馅：把洋葱末和葱末先掺在一起，放入香料油，搅拌。

3 将辅料馅倒入肉馅中，搅拌。

4 将面团分割成若干个等大的小面团后，将小面团擀成薄皮。在面皮上放入馅料，用类似包包子的手法，一边包一边抖皮（包的时候把馅心放入掌心里，把馅心包的大一些）。

5 将包好的肉饼倒过来放置在桌子上，就像门钉的样子了。

6 锅中倒入适量油，开始的时候尽量让锅热一些，煎门钉肉饼。煎至外皮有点“沙沙”响的时候，外皮就上了一点颜色，特别像城门上面的门钉。煎1.5分钟后，翻面再煎5分钟左右，盖上盖子，改成中小火。

7 焖熟：加盖以后，水汽不外溢。利用水汽将饼焖熟。开盖以后，用铲子压一压，当看到汁水溢出时即可。

何氏秘籍

❶ 拌牛肉馅时加入适量花椒水，可以去膻腥味。

❷ 拌馅之前，将洋葱末和葱末先和在一起搅拌，这样操作葱不会流失水分，馅料中的葱味也不会特别明显。拌好后放置片刻，不影响口感。

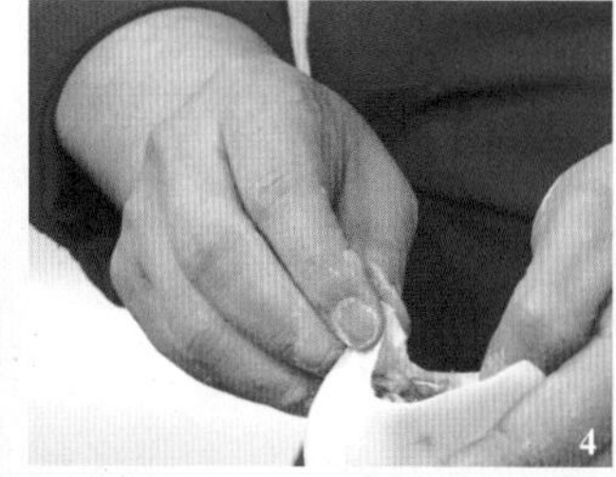

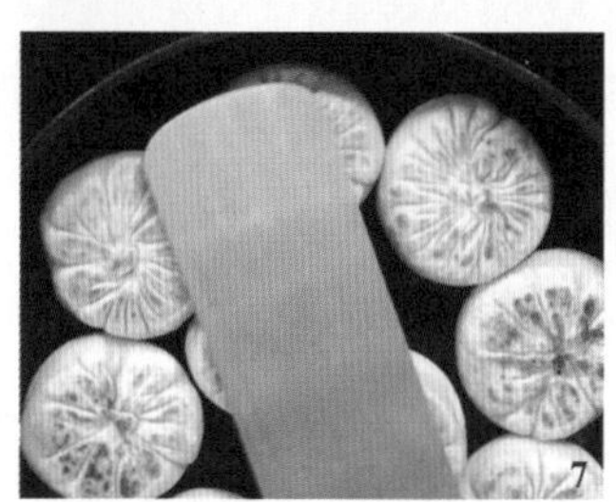

国宴陈皮虾

guoyanchenpixia

20世纪七八十年代，
国宴中冷餐会
经常出现这道菜，
回口甘甜，
香气浓郁。

| 食材营养小贴士 |

我们常说春寒料峭，所以春季也是感冒的高发季。很多人到了春季，着急减衣服，遇到气温骤降，就容易感冒。当出现痰稀白，略有咳嗽的症状时，可以来个小食疗方：

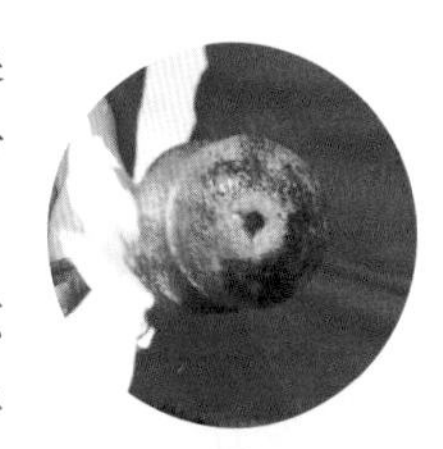

烤橘子

在感冒的初期，刚受寒的前一两天，来两三个烤橘子，最合适不过了。用筷子串起来几个橘子，放在火上烤，也可以放在铁锅上干焙。当橘子烤到有下述三种变化时，差不多就可以吃了：第一，橘子外皮出现小黑点，有点焦黑的变化了；第二，听到橘子在火上有“滋滋啦啦”的声音；第三，满屋子都是橘子的芳香味道。烤橘子比我们平时吃的橘子酸味更重一些，橘子香气更浓，橘皮止咳化痰的功效也增加了很多倍。烤过以后，橘皮不但有止咳、化痰的功效，还有散寒的作用。吃一口温温热热的小橘子，平平安安过春天。

20世纪七八十年代，国宴上有一道经常吃的菜，叫陈皮虾。陈皮虾不光可以热着吃，做成凉菜味道更棒，国宴上冷餐的菜单上会经常出现这道菜。而日常食用时，陈皮虾既可以热吃，也可以冷吃。

要说陈皮虾的滋味，它不是我们日常说的“荔枝口（咸鲜中带有酸甜味）”。它的味道回口甘甜，甜味中带有陈皮的香气，微微酸香、香气浓郁。

制作陈皮虾这道菜时，所用的虾都是新鲜的活虾，不用去腥，吃的也是虾的鲜甜味道。

很多人喜欢用陈皮泡水，陈皮的搭配也有小讲究：

将陈皮和普洱茶一块泡水饮用，可以健脾胃、助消化。将陈皮和杏仁泡水喝，可以通便，适合大便干燥的人群。将陈皮和山楂泡水喝，可帮助消化，促进大肠蠕动，缓解暴饮暴食后的腹胀症状。

陈皮 + 普洱茶

挑选陈皮的方法：

不是将普通的橘子皮放在暖气上烤一烤、阳光下晒一晒就叫陈皮。橘子皮和陈皮是有差别的，陈皮需要经过专门的炮制。把橘子皮阴干后，放在房间里，在阴凉、干燥、通风的环境下，经过3年以上的陈化，才叫陈皮，而且陈化的时间越长越好。

陈皮 + 杏仁

陈皮在挑选时也是有标准的：先“闻”，时间放得越久的陈皮，越会由橘子的果香变成一种芳香；再“刮”，将陈皮用手刮一刮，能刮出一些陈皮油，刮的时候伴随着很脆的声音，可以看到陈皮里的油性；最后“看”，陈皮的油室点在外表皮，而不是在内囊，表皮密密麻麻的小洞洞就是陈皮的油室。从内囊看油室点不明显，但是如果把陈皮放在有光的地方就会看到密密麻麻的油室点。翻过来看陈皮的里面，油室也很饱满。

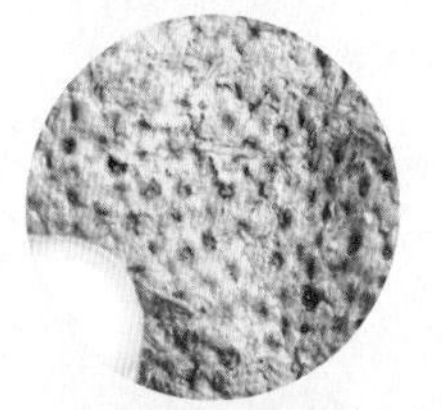

陈皮的油室点

刮陈皮

食材

- 虾15～16只
- 葱、姜各适量
- 白糖20g
- 陈皮35g
- 盐3g
- 油适量

食材准备

1 清理虾线：去完虾腔，挑完虾线，切去虾须。

2 将陈皮浸泡1小时，之后将陈皮切成小粒，留陈皮汤。

3 将葱、姜放入油中，做成葱姜油。

陈皮丁

陈皮汤

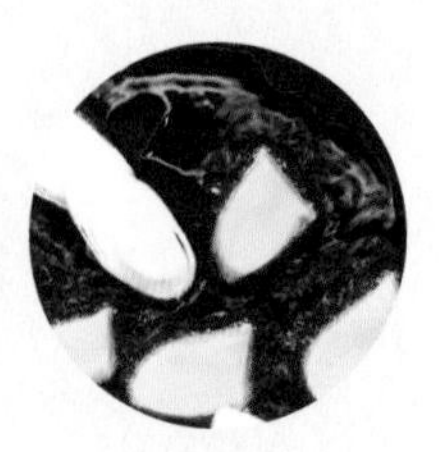

葱姜油

做法

1 葱姜油煸虾：锅中倒入葱姜油，烧热后，将虾下入锅中，先把虾头在锅里压一下，压出虾油来。煸虾的时候用中小火慢慢地煸，将虾皮先煸酥。

2 用铲子敲一敲虾皮，听一听虾的声音，如果声音特别大还有水的声音说明还需要再多煸一段时间，如果声音变得略微清脆一些了，就证明虾皮变酥了，水分也变少了。虾皮酥了以后，取出虾，留少量的虾油在锅内。

3 改用最小的火，将切好的陈皮放进去，小火慢慢地煸（用大火煸会使陈皮味道发苦），煸炒半分钟左右，陈皮开始向外反油了，已经有星星点点的光出现，而且陈皮没上色，粒粒分明，把火再调得稍微大一些，把陈皮水倒在锅里。

4 收汁。用陈皮水煮陈皮，煮至沸腾。

5 将煸好的虾放入陈皮汁水中，再放入盐和白糖，等到汤汁基本收干的时候，陈皮水就会在虾的表面形成自来芡。这时虾表面很光亮，色泽鲜嫩。

6 装盘。

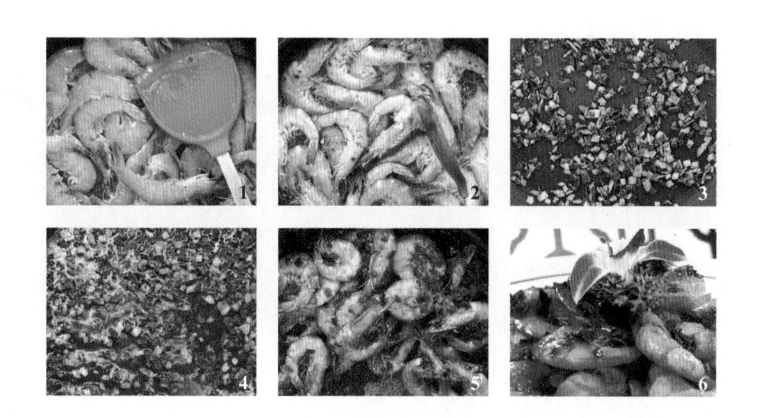

国宴级虾的处理

处理虾须和虾脚时，不能全部切除，需要留一部分。将虾腔剪掉，将虾保留眼睛。虾尾也要相对完整，可以拿剪刀稍微修整一下，让它更精细。这样就保留了虾相对完整的形状，看着既漂亮，吃起来也方便。

陈皮的处理

用30℃左右的温水浸泡陈皮1小时左右。将陈皮泡软以后，切成米粒大小的陈皮丁。陈皮汤要保留。十年的新会陈皮，浸泡了很长时间以后，汤液会呈现茶色。浸泡的时间越长，汤色越清亮，汤色也越深。不过三年的陈皮泡不出茶色。制作国宴陈皮虾时通常用的是十年陈皮。

国宴级菜调味的特点

国宴上的很多菜，都是吃其味，不见其形。可以吃到某种食材的味道，但是在菜品中见不到这种食材。

五彩绣球

wucaixiuqiu

适合在元宵节的
家宴上品尝，
色彩鲜艳，
口感内有乾坤，
在春季食用还有
疏肝的功效。

| 食材营养小贴士 |

春天是养肝的季节。养肝的方法有很多，有清肝、疏肝、柔肝，而春天需要的是疏肝。但是不能单纯地疏肝，要从中医理论出发，辩证地调养。

肝属木，肾属水，肝的生发需要肾水的滋润。肾水充足了，肝木才能更好地生长。所以春季光疏肝是不够的，还需要补肾。肾水就像助推剂，在疏肝的同时，起到疏导的作用。我们要先把肾水补足了，然后补肝、养肝。

紫色食物可以补肾、补肺、补脾，有非常好的补肾阴的功效。山药本身就具有很好的滋补肾阴、肺阴、脾阴的作用，而紫山药的功效更强，它滋补肾阴的效果更好。紫山药在南方多见，在北方不多见，北方大多是白山药。

春季养肝也应该吃点芽类蔬菜，可以帮助我们生发阳气、调理气机。制作这道五彩绣球时，制作白色面团时用的是生麦芽，一般多见的是焦麦芽，它是帮助消化的。将生麦芽放在水里泡出小芽后晾干，这时候它的生发力量很强，麦芽从静的状态变成动的状态后，可疏发肝气。另外，生麦芽还能健脾胃。

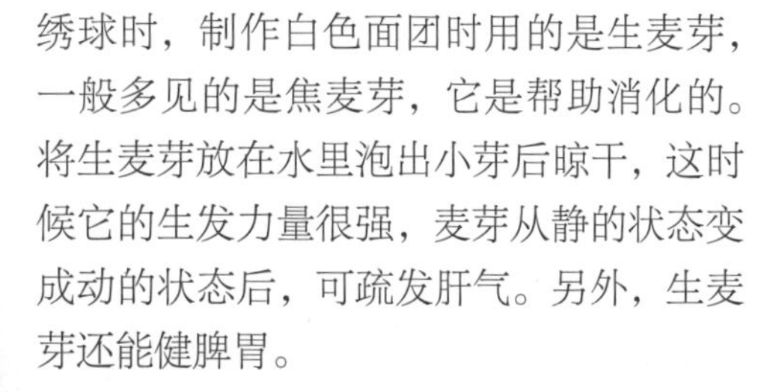

生机勃勃的春季，来一道特别的五彩绣球包吧。手编五彩绣球包的过程里，手眼协调能力得到了锻炼，而且绣球的色彩鲜艳，口感内有乾坤，是一道非常适合在春季，尤其在元宵节的家宴上品尝的美食。

整个编绣球的过程十分有趣，就像两个面团在跷二郎腿，先往左跷，再往右跷。外观多彩、白白胖胖的五彩绣球，吃到最后还有一种口感的惊喜：竟然藏着一个元宵，还是可以流汁的那种。

食材

- 白面150g
- 南瓜泥150g
- 菠菜汁适量
- 紫色山药泥150g
- 生麦芽粉150g
- 元宵适量

食材准备

1 将紫色山药泥和白面和成紫面团。

2 将生麦芽粉和白面和成白面团。

3 将南瓜泥和白面和成黄面团。

4 将菠菜汁和白面和成绿面团。

做法

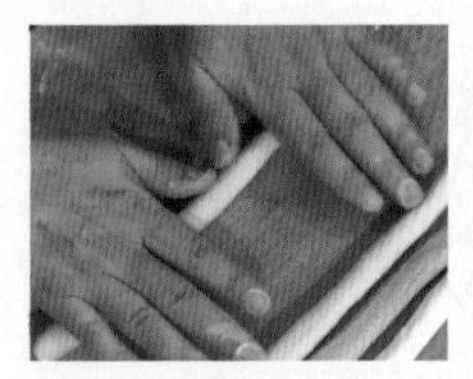

1 切面：将各色面团切成长条，搓揉成均匀的长条。

2 分割成同样长度，搓成的条稍微细一些。

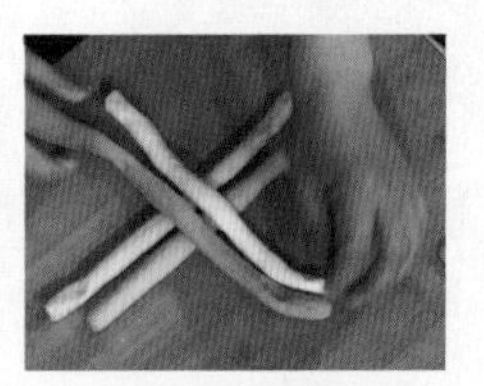

3 取出黄色和绿色条水平放在案板中央，再把白色和紫色条垂直搭在水平面条上。

编织分层：

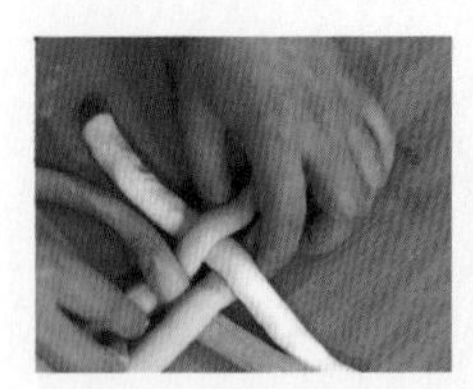

4 第一层编织：搭好以后，四根面条上下交叠，搭成一个“井”字，面条向中心尽量收紧。

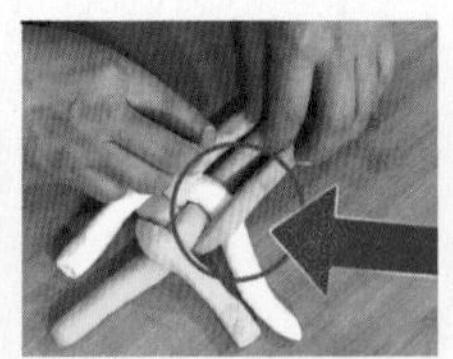

5 第二层编织：围着中心的“井”字转圈。如果第一层井字编织是按逆时针方向交叠，第二层编织就按逆时针方向编，面条两两相交，四根面条都就像在“跷二郎腿”。

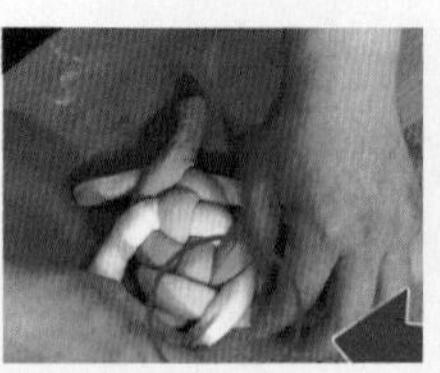

6 第三层编织：按顺时针方向编织，两两一组，最后是两个相同颜色的面条的头、尾汇合。

7 将同色面条的头、尾互相捏合在一起。

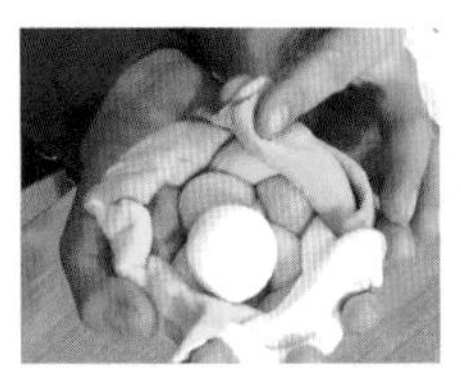

8 包芯：将编织的面条翻过来，将元宵镶在中心，收口。将各色的面条互相捏合，再将收口处整理得紧致一些，稍微修整一下形状。

9 饧绣球：五彩绣球非常饱满，放在面板上饧一会儿，它就会整体鼓起来。刚编好的绣球会有点扁，饧好后就会变圆润。

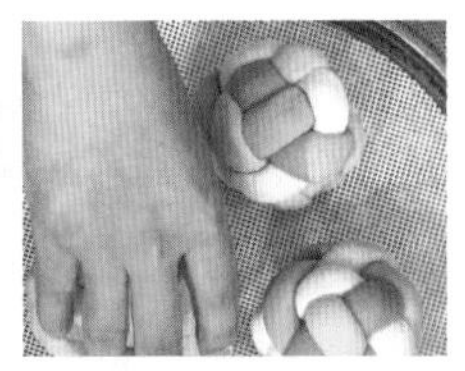

10 蒸制：大火蒸制，大约15分钟。

何氏秘籍

❶ 搓面条的时候，手指要打开，这样容易把面条搓得均匀、细腻，面条也会受力均匀，如果将五个手指并在一起搓面，就容易将其搓成一个面团，不容易搓开。

❷ 编织的时候，第一层的“井”字，面条和面条之间要挨得紧一些。“井”字中间别留孔。编至第二层时就开始转圈编，如果第二层是逆时针转圈编，那么第三层就顺时针转圈编。如果面条比较长，可以再继续转圈编。第四层是逆时针转圈编，第五层就又是顺时针转圈编。

❸ 编织：编织面条的时候，要注意面条的颜色搭配。

❹ 包芯：要将编织的五彩面条放在手心中央，放入元宵捏合的时候也要将手握起来，这样收口可以更紧。

搓面条

编“井”字

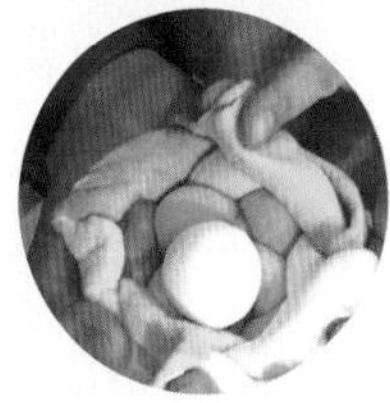

收口

能剥皮的橘子馒头

nengbopide juzimantou

年夜饭的餐桌上
端上这么一道
橘子馒头，
蕴含着对新年的
美好祝福。
这道馒头的特点是：
软、糯、香、甜。

橘子馒头，软软糯糯、香香甜甜，它的外形像橘子，掰开之后还能看到“果肉”，皮上面还有麻点。不但能剥开“皮”，还能吃里面的“橘子瓣”。

橘子象征着大吉大利，里面的“橘子瓣”形似小元宝，年夜饭的餐桌上端上这么一道橘子馒头，也蕴含着对新年的美好祝福：大吉大利，吉祥如意。

食材营养小贴士

橘子、橙子、柑被称为“橘科三兄弟”。橘子性甘温，有润肺、止咳、化痰的功效，但是吃多了容易上火。橙子味甘，性偏凉，有清热、生津、止渴的功效。柑性偏凉，多吃有通利肠胃、清热去火的效果。

橘子和柑的食疗作用是相反的，辨别橘子和柑也很简单：橘子的皮很容易剥开，柑的皮和果肉贴得非常紧，剥起来比较费力气。爱上火的朋友，要少吃橘子，但是可以吃柑。如果吃错了水果，反而容易起到反作用。

食材

- 南瓜150g
- 红曲粉50g
- 面粉350g
- 胡萝卜或胡萝卜粉150g

食材准备

1 南瓜蒸熟后，将南瓜泥和面粉和成面团。

2 将胡萝卜粉和面粉和成面团，也可以用胡萝卜汁来和面。

做法

1 制作“橘子瓣”：先把胡萝卜面团团成一个球，用刀分成8瓣。用手指蘸一点油，涂在上面。之后将切好的小面块做成橘子瓣的形状。

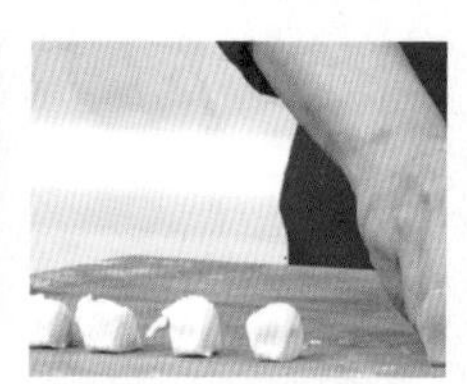

2 制作双层“橘子皮”：将胡萝卜面团和白面团分别揪出剂子来，两个面团（半发面状态）揪出的剂子数量要一样多。把剂子擀成面皮。

3 粘“橘子皮”：擀皮之后，在上面抹点水，再抹一层薄油。白色面皮在上，橘色面皮在下，将两层面皮叠在一起，两张面皮可以贴合上。

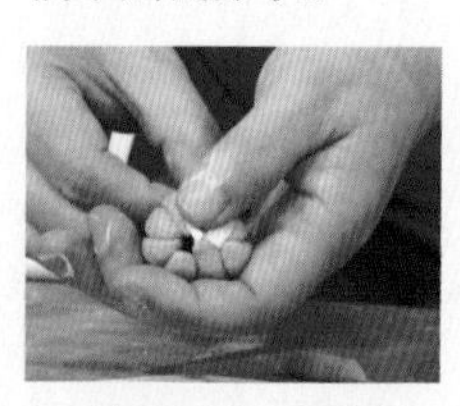

4 放置“橘子瓣”：“橘子瓣”上涂抹的油让橘子瓣之间不粘连，用手心把8个橘子瓣组合起来。

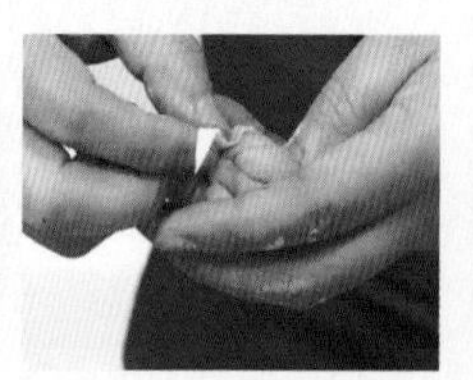

5 贴上“橘子络”：切点细碎的发面面条：薄薄的、长长的、细细的，做成“橘子络”。稍微蘸一点水，贴在“橘子瓣”上。

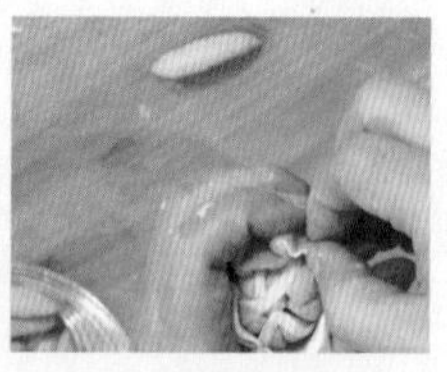

6 包“橘子瓣”：“橘子瓣”和“橘子络”做好以后，放在“橘子”皮中间。在“橘子皮”的边缘抹上水。将橘子皮整个拢起来，将外皮包在外面，用虎口转着圈，包住。

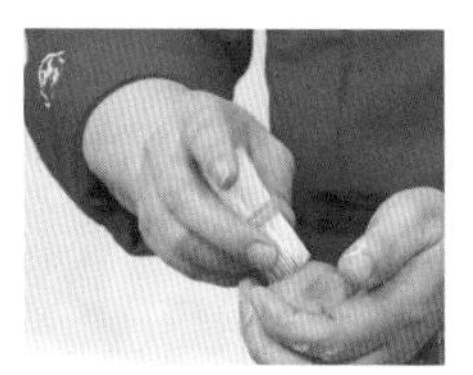

7 外皮用一组牙签，墩平后用牙签在“橘子皮”的外皮上先扎些麻点。

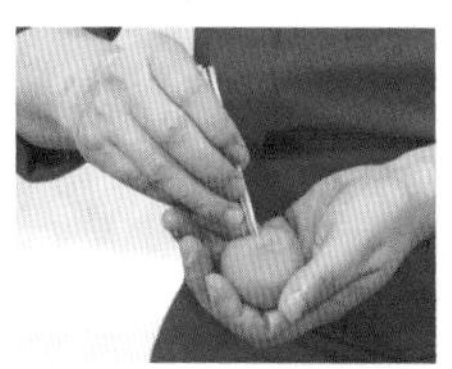

8 再用大一点的竹签再扎一点深坑。这样外皮较逼真。

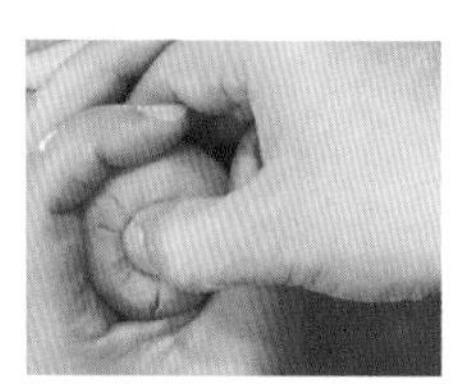

9“橘蒂”装饰：在橘蒂的位置用手按出一个小坑。

10 将红曲粉面团搓成一个小条，做成橘子把。

11 放点小橘子叶后，上锅蒸13~15分钟即可。

何氏秘籍

❶ 包“橘子瓣”的过程：用虎口握住，两只手配合，转圈包，中间部位蘸适量水后收口。处理面皮相接合的位置时，向内侧按一按，多余的面皮可以去掉。

❷ 这道面点的制作关键在于色、瓣、形的处理。

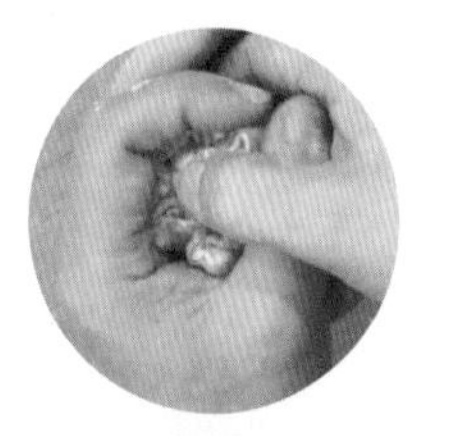

❶-1

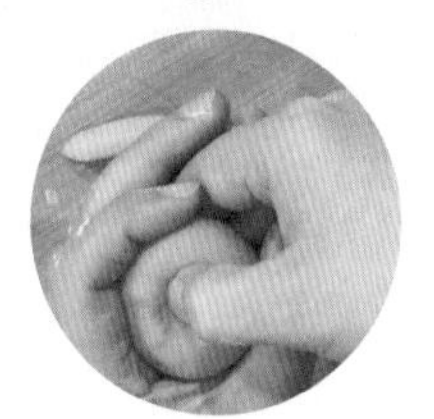

❶-2

蒸蒸日上

zhengzhengrishang

少油、少盐、易消化吸收。

过节的时候，肉吃太多了，也需要一些粗粮来调节。大鱼大肉会给脾胃造成过重的负担。所以在春季，适合调理脾胃，让脾胃缓缓恢复健康，恢复功能。

蒸蒸日上是一道少油、少盐、易消化吸收的菜品，用到的食材包括蔬菜、海鲜、豆制品、粗粮，品类丰富。这道美食三菜合一，融合了蒸鸡蛋羹、肉末豆腐和牡丹虾仁，复合了很多很好的食材和滋味。

这道菜也是一道图个好彩头的菜品，春季里节日多，特别是作为一年的开始，吃上这样一道菜，寓意着一整年蒸蒸日上，花开富贵。

| 食材营养小贴士 |

这道菜用了粗细搭配的混合粉。小麦和大米缺乏赖氨酸，荞麦面和小麦粉搭配起到互补作用，搭配后，赖氨酸配比更均衡。现在提倡吃全谷物，但是食用全谷物外面的麸皮后，会损伤胃。在胃需要调理或休息的时候，不建议摄入大量的麸皮壳。所以，推荐精细米面和荞麦粉、小麦胚芽粉一起吃，让胃更舒服。

小麦胚芽粉

荞麦粉，含有丰富的可溶性膳食纤维，赖氨酸含量也非常丰富，含有一定的油脂。

小麦胚芽粉，质软，容易消化、吸收，是小麦中的精华，富含B族维生素、多种矿物质及膳食纤维。有研究表明，长期坚持食用小麦胚芽粉，每天食用20~30g，可以降低甘油三酯。逢年过节、大鱼大肉吃多了以后，会导致甘油三酯偏高，这种情况就特别适合食用小麦胚芽粉。

食材

- 日本豆腐1盒
- 虾仁7~8个
- 粗细粉（面粉、荞麦粉、小麦胚芽粉）适量
- 肉末50g
- 鸡蛋3个

调味料

- 胡椒粉2g
- 油5g
- 香油5g
- 小香葱末适量
- 料酒8g
- 酱油15g
- 盐2g
- 红辣椒末适量

食材准备

1 制作粗粮粉：将荞麦粉、面粉、小麦胚芽粉混合均匀。

2 腌制肉末：在肉末中加少许水，把肉末先拌一下，撒上少量盐和胡椒粉，去腥增香。

3 加入适量料酒，把肉末搅拌均匀。在粗粮粉上加一点水后（当作淀粉使用），将粗粮粉倒入腌制的肉末中，再加少许油，用手抓匀，这样腌制的肉末非常有黏性。

腌肉末

做法

1 日本豆腐摆盘：将日本豆腐切成大约1cm厚的圆片后，在盘内摆成圆形，备用。

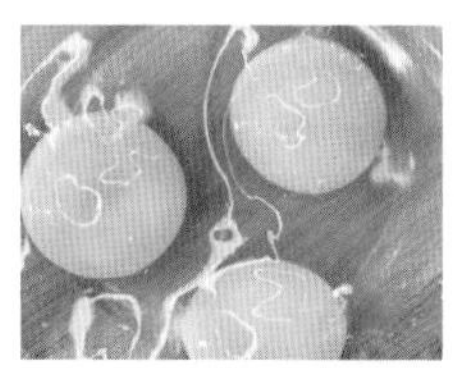

2 制作鸡蛋羹：将3个鸡蛋打入容器中，搅拌，倒入温水，鸡蛋与水的用量是1∶1.2。

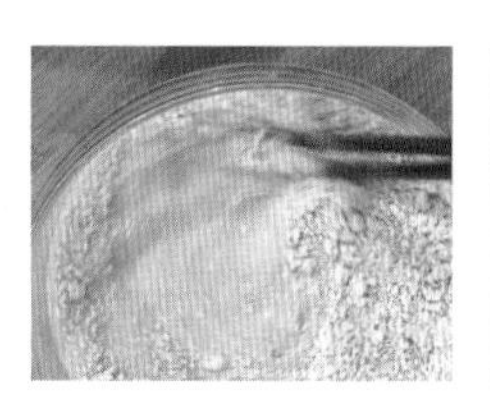

3 向鸡蛋羹中加入肉末，再次倒入粗粮粉。既增加鸡蛋的口感，又使粗粮的营养充分融入菜中。

4 将鸡蛋羹浇在日本豆腐上：把步骤3的食材一起倒在步骤1的豆腐上。

5 制作牡丹虾：把大虾仁切开（底部相连），打开后呈花瓣状。把处理好的虾仁做成盛开的牡丹花状。

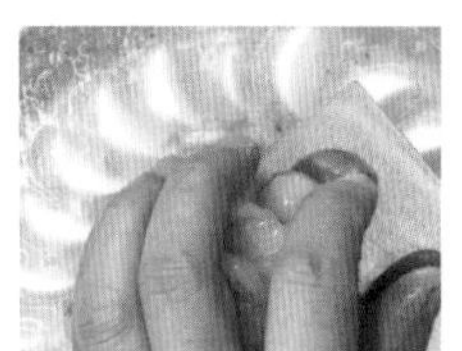

6 放置牡丹花：用刀托底，将摆好的虾仁平移到蛋液表面上（移动时，刀撤出的速度要快，牡丹虾仁就会直接落在蛋液表面）。

7 蒸制：虾仁淋上油，放入锅中小火蒸制8～10分钟。

8 调蘸水：在酱油中加入香油，制作成二合油蘸水。将蘸水浇在刚出锅的菜品上，撒上小香葱末和红辣椒末。

何氏秘籍

❶ 做鸡蛋羹：在搅拌鸡蛋的时候，放入温水，会让蒸出的蛋羹比较滑嫩。在蒸这个菜的时候，因为豆腐里面含有水，肉馅里又加了少许水，所以不用加太多的水。加入温水以后，鸡蛋羹蒸出来也会鲜嫩无比。

❷ 如果想把虾仁蒸得脆爽，必须放入少许油。既能让虾仁色彩变得明亮，还增加了虾的爽脆口感。

❸ 在蒸锅里加一点白醋，可以去除虾仁和鸡蛋的腥味。

❹ 蒸鸡蛋的时候要用中小火，如果使用的容器较大，就要多蒸制一些时间。

素肉皮焖黄豆

suroupi menhuangdou

这道改良的
老北京菜，
食材变得养生了，
一嚼满口香。

对于很多血脂高的人来说，是不敢多吃肉皮的。本身很油腻的肉皮，会增加身体的负担。多吃几顿肉皮以后，注重健康的人群就会觉得“压力山大”：胆固醇高了、血脂也高了……如果本身就有胃肠不适的症状，这道“肉皮烧黄豆”就成了一道“胀气菜”了。

素肉皮焖黄豆是经过改良的老北京菜，主要材料是魔芋豆腐。食材变得养生了，口感却保留了浓浓的红烧肉的味道，吃上这么一口素肉皮和黄豆，一嚼满口香。那么如何用魔芋豆腐做出肉皮的筋道和嚼劲，同时又酱香十足呢？请看下面的做法。

| 食材营养小贴士 |

魔芋同时又被称为“魔力食品”“健康食品”“减肥食品”，也被叫作“血管的清洁剂”。

很多营养元素都是非常“娇气”的，但魔芋所含的营养元素，不管用何种烹调方式，几乎都不会流失，而且口感还不错。它是所有食物中膳食纤维含量最高的。口感软糯细腻，可以搭配很多食材，味道好、价格又实惠。

魔芋所含的葡甘聚糖，吸水性特别强，是一种高分子化合物。吸水后可以膨胀到几十甚至一百倍，饱腹感很强，非常受人们喜爱。它容易与胆汁酸、胆固醇等结合，会帮助人体将这些代谢废物排出体外。

魔芋对心血管的保护作用也非常不错，特别适合血脂较高者、冠心病患者、动脉粥样硬化患者食用。

食材

- 魔芋豆腐250g
- 桂皮10g
- 料酒15g
- 姜片20g
- 黄豆150g
- 盐1～2g
- 酱油40g
- 大料10g
- 胡椒粉2g
- 葱50g

食材准备

1 魔芋豆腐切成小块。葱切成段。

2 准备料油：将大料和桂皮放入油锅中，小火慢慢浸炸，炸出香味。

3 浸泡黄豆嘴：将黄豆浸泡在水中，发出豆芽。

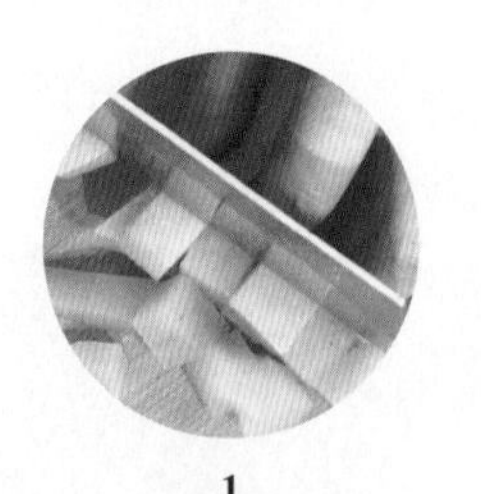

1

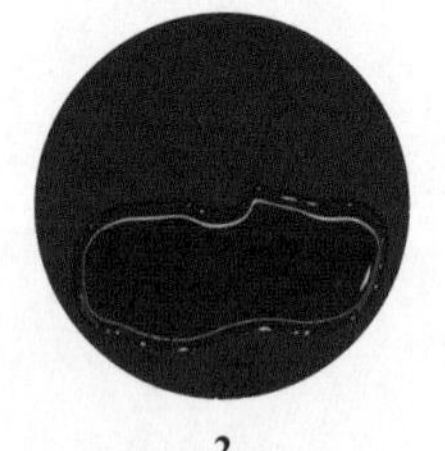

2

做法

1 锅预热后，将火调至偏大。将料油下锅，将魔芋豆腐煎到六面起焦边且呈焦壳状，口感和外观就有了肉皮的质感。

2 “肉皮”完全上色以后，倒入料油，再放入大料、桂皮、葱段、姜片。

3 在锅中放入经过处理的“黄豆嘴”（浸泡后黄豆略带点小芽）。

4 放调味料时，优先放酱油，尽量贴着锅边倒，让锅边的热度，尽量把酱油的香味激发出来。黄豆嘴在锅内开始上色时，加入适量的水。

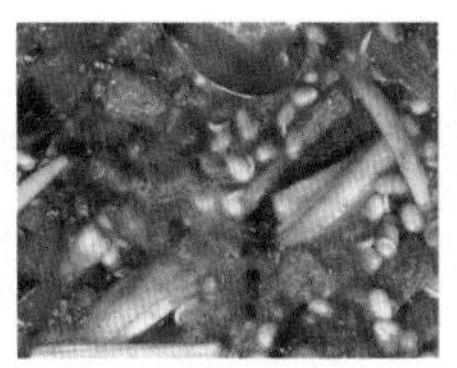

5 加入盐、胡椒粉、料酒。胡椒粉可以增鲜，料酒可以提香，增加肉味。

6 焖制：盖上盖子，焖8～10分钟。7～8分钟后，打开锅盖，收汁。出锅前来点香油，香上加香。

何氏秘籍

❶ 浸泡黄豆嘴的小妙招：

先将黄豆放入水中浸泡5～6小时，等泡软以后，把黄豆尽量摊开在盘子中，盖上湿布。每隔5小时朝湿布上喷一些水，放置30小时左右，黄豆就会发出小嫩芽。出芽之后的黄豆就叫黄豆嘴。与黄豆相比，黄豆嘴维生素C的含量略高，部分蛋白质会转变成氨基酸，能更好地消化、吸收，食用后不容易胀气。

❷ 素肉皮上焦壳，要少油：

煎素肉皮的时候，少放油。油放多了，就容易变成半煎半炸的烹饪状态，而且不容易煎出焦边，素肉皮里面的水分还会慢慢地往外浸，成菜会少了嚼劲和韧性的口感。

❸ 素肉皮有肉味的关键是放入大料、桂皮和料油，烧制、焖制，这样就会出现肉香味了。

刮油食物：美味与健康也可兼得

俗话说："春季不减肥，夏季徒伤悲"，春天是减肥的好季节，因为新陈代谢加快，人体机能较为活跃。如果错过了春季减肥的黄金期，夏季面对"轻短薄透"的夏装只能徒增烦恼了。

想减肥，就离不开"刮油食物"。

有些人面对丰盛的餐桌，品味山珍海味，饱餐大鱼大肉时，对一些瓜果蔬菜却视而不见。其实这些瓜果蔬菜皆有着餐桌上的"降脂药"之美誉，也是常见的"刮油食物"。日常饮食时，蔬菜与肉类的比例可以控制在7：1。

现在不论是三高人群，还是热爱减肥的人们，都喜欢刮油食物。刮油有刮油的妙招，我们就从烹饪和食养出发来谈刮油食物。

除了瓜果蔬菜，面对本身就油脂大的食材，我们该如何处理呢？比如做红烧肉，还有含油量很大的水煮牛肉、水煮鱼这类的菜肴，需要采取一些额外的方式，在烹饪之前先去掉油，这才是刮油的好方法。

在烹调过程当中也要注意少用油，而且要换不同的油来进行烹饪，比如用含不饱和脂肪酸的油脂来进行低温烹饪，能保证菜品吸收的油脂非常少。

含不饱和脂肪酸的油有橄榄油、山茶油，长期食用有助于降低胆固醇，降低人体血脂浓度，促进体内饱和脂肪酸代谢，减少脂肪堆积。

除了烹饪过程中要注意，进食的时候也是控油的好机会。比如说吃水煮鱼的时候，不要从油里边捞出鱼片直接吃，可以把鱼片放在豆芽上控一会儿油，把油控净以后，再来吃鱼片。再比如说红烧肉，要先用吸油纸或者用勺子把油撇净以后再来食用。

从我的个人经验来说，所谓的刮油不外乎三种，第一，尽量不吃脂肪含量高的菜品；第二，可以增加不饱和脂肪酸的摄入，还有富含膳食纤维的蔬果；第三，恰当的烹饪及饮食方式也可以起到刮油的作用。

夏季养生菜

鸡蛋炒西红柿

jidanchao xihongshi

家常得不能再家常的
一道菜，
要把鸡蛋先炒老，
还得来把蒜末提提味。

鸡蛋炒西红柿，家常得不能再家常的一道菜。何氏鸡蛋炒西红柿，从挑西红柿开始。要选有白斑的西红柿，这种西红柿是沙瓤的。没有白斑的西红柿水性比较大。做鸡蛋炒西红柿最好用沙瓤的西红柿，这样炒出来口感会更好。

新手做菜，可以先从做一道很有人间烟火味的家常菜开始，如果家里的爸爸妈妈有糖尿病，也很适合吃这道健康养生菜。

| 食材营养小贴士 |

圣女果和西红柿都是我们经常吃的，两者的糖度到底如何呢？经过果品糖度测试，100g圣女果的糖分含量是6.1g，西红柿的糖分含量是4.5g，大的西红柿含糖量还是要比圣女果低一些。

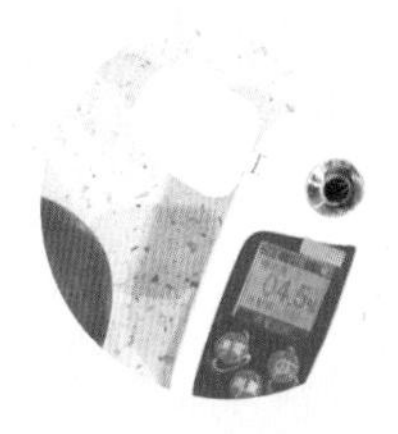

食材 • 西红柿300g • 鸡蛋150g • 蒜末25g

调味料 • 油适量 • 料酒10g • 盐3g

做法

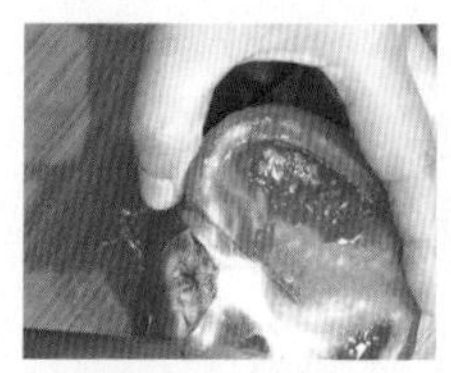

1 处理西红柿：将西红柿切成两半，刀倾斜45度把蒂去掉。

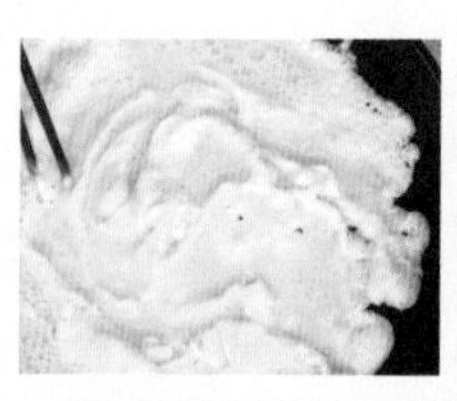

2 锅中倒适量油，烧热，倒入打散的蛋液，先把鸡蛋炒至有弹性和韧性。鸡蛋吸收了西红柿的汤汁，会又韧、又滑、又香。

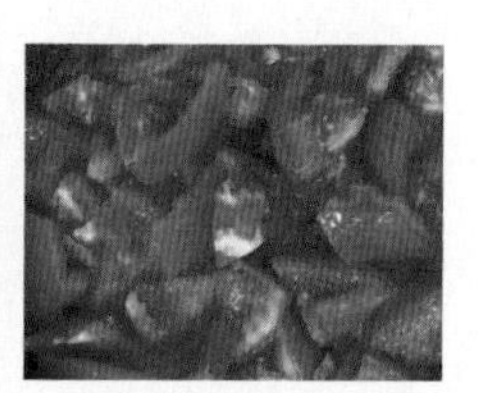

3 锅中倒入略多的油，倒入西红柿，翻炒后，让番茄红素充分地释放出来。

4 倒入适量料酒，去除鸡蛋的腥膻异味。如不加糖和淀粉，需要放3～4g盐，让西红柿在盐的作用下，充分地析出汁水。

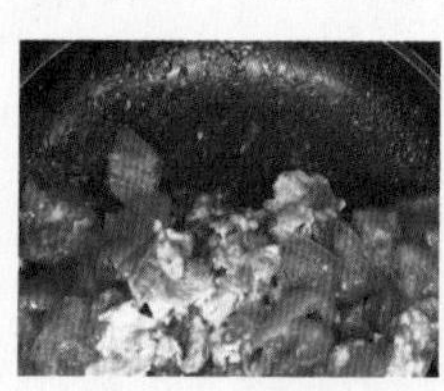

5 翻炒西红柿：汁水析出来之后，放入炒好的鸡蛋，让鸡蛋充分地吸收西红柿的汁水，这样就不用勾芡了。

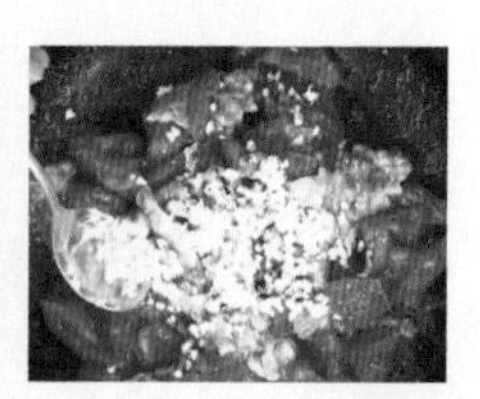

6 出锅之前，放入一大勺蒜末，略微翻炒即可出锅。

何氏秘籍

1

❶ 新手切西红柿的秘诀：切西红柿时皮朝下，这样在切滚刀块时不流汤汁，避免西红柿汁水全流在案板上。

❷ 何氏秘诀：要把鸡蛋先炒老，然后用西红柿的汁水去浸泡鸡蛋，用这样的方法炒出来的鸡蛋才会又香又嫩，既不用放糖也不用加淀粉。

2

黄金米饭卷

huangjinmifanjuan

即使是剩饭，
也可以美味无比。
有肉有饭有蔬菜，
金灿灿、香喷喷！

家里常常会有剩米饭，很多主妇在第二天就会想着做一个蛋炒饭。同样是鸡蛋加剩米饭，其实还能做出另外一道菜：黄金米饭卷，也就是在蛋炒饭外面，再穿上一层黄金衣。配上适合在夏季饮用的代茶饮，即使是剩饭，也可以美味无比。

| 食材营养小贴士 |

适合在夏季饮用的代茶饮，冲泡时需要三样东西：金银花、葱丝和姜丝。金银花也被叫作双花，它在嫩的时候颜色是白色的，成熟了以后颜色是黄色的，具有清热解毒、辛凉解表的功效。葱、姜都是辛温解表之品，有通阳的作用，再加上清热解毒的金银花，可辛凉发散、解表解毒。

冲泡时，葱和姜的量要小一点，可以各用3g左右，选用10～12g干金银花即可。

姜、葱及金银花

据《玉楸药解》记载：金银花的主要功效为消肿败毒，清肝、清肺，入肺经。平日里咽痛、鼻流黄涕、舌质偏红，都可以用金银花煮水喝来缓解症状。有的人在受风邪之后，会觉得身上发紧，汗又没有发透，这时候就可以加另外两种食材，这两种食材虽然都是辛温之品，但是加入之后辛散的作用会更好。这款代茶饮能够把我们体表的汗毛孔打开，并借助金银花的解毒、清热作用，把体内的热气通过打开的汗毛孔发散出来。

食材

- 米饭200g
- 肉末100g
- 胡椒粉2g
- 盐3g
- 胡萝卜丁50g
- 豆腐干丁50g
- 酱油10g
- 饺子皮或馄饨皮适量
- 葱花10g
- 姜末5g
- 鸡蛋1个
- 料酒适量
- 代茶饮适量

食材准备

1 煸炒肉末：放入少许油，倒入肉末煸炒。炒散之后，加少许料酒去腥。

2 加入配料：放入胡萝卜丁，再下入豆腐干丁、葱花、姜末一同煸炒。

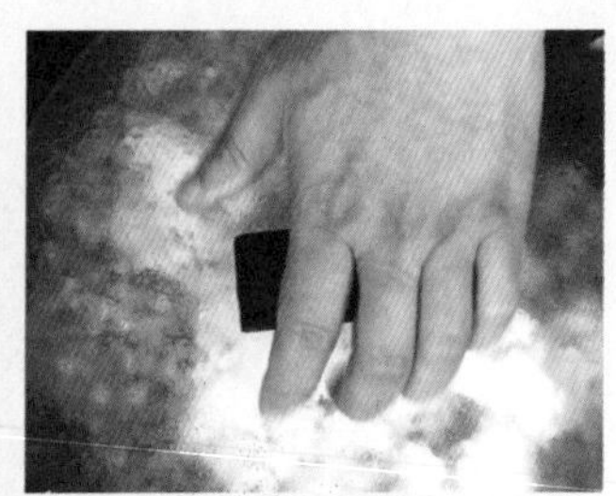

3 焖米饭：放入米饭，倒入代茶饮，盖上盖子，焖1.5分钟。

4 炒米饭：打开锅盖，用铲子略微铲动米饭，隔夜的米饭就疏松了。再把它炒散，放入胡椒粉、盐和酱油适量。

5 穿上“黄金衣”：把饺子皮或馄饨皮擀一擀。买来的馄饨皮一般都比较厚，拿起来一摞，用擀面杖沿着正反面对角线压一压，这样就让饺子皮或馄饨皮变得又薄又大。

6 包入炒米饭：将炒米饭放在馄饨皮中间，先沿着对角线包裹，再将两边的对角折到里面，最后的折角用代茶饮的水粘合一下，再压一下，像包春卷一样。

7 裹蛋液：把做好的米饭卷，每一个都裹上一层鸡蛋液，裹好以后，封口朝下。

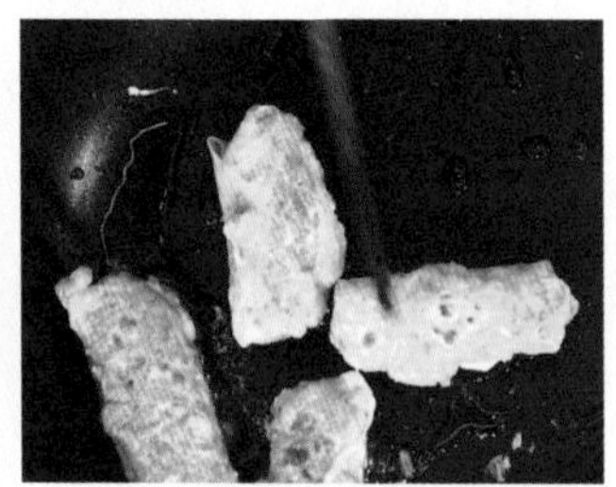

8 煎制：油烧热后下锅煎，封口朝下。因为馄饨皮特别薄，里面包的蛋炒饭也是熟的，所以煎至出现焦壳，就可以出锅了。

何氏秘籍

炒饭的时候，米饭容易坨在锅里，将代茶饮直接浇在米饭上，形成水汽以后盖上盖，稍微焖一会儿，米饭自然而然就变得松散了。

酱烧翅包饭

jiangshaochibaofan

立夏，
恰好是
仔姜上市的时节，
食用带有
“姜”气的美食，
让人神清气爽。

立夏，恰好是仔姜上市的时节。朱熹注解《论语》的时候，提到了姜有通神明的作用：“神明通则一身之气皆为我使，而亦胜矣，一身之气胜。”人体内的气机只要通畅了，就可以神清气爽。

俗话说“冬吃萝卜夏吃姜”，夏季要如何吃姜？日常买回家里的姜要怎么保存？这些可能都是您的疑问。在家中保存姜有三种方法，一种方法是把它泡起来，做成泡姜，浸泡后的姜颜色粉嫩，看着特别有食欲。另一种方法是将吃不完的姜放在透明的盆里用土埋住。姜的上面和下面都有土，可以保存2～3个月。还有一种方法是用家里的厨房用纸或保鲜膜，将姜包住，找一个稍微阴凉的地方，也能放置一段时间。

立夏时节适合用姜做一道带有“姜”气的美食：酱烧翅包饭。米饭既可以是隔夜的剩米饭，也可以是家里现做的米饭。

| 食材营养小贴士 |

夏季新鲜上市的仔姜，与我们日常炒菜买的生姜，是不一样的姜，它的养生功效也是不同的。日常炒菜的生姜也叫鲜姜，辛温、发散、解表的作用会更好一些。尤其是它辛散的作用更明显，我们常说生姜具有温肺化饮、温中止呕的功效，所以把它称为“呕家圣药”。但是仔姜较水嫩，纤维含量少，辛味较淡，所以它辛温发散解表的作用也会弱一点。而老姜的辛温发散解表作用会更强一点。

仔姜

生姜

春夏要养阳气，也就是生发之气。一天当中，早晨如春天，中午如夏天，所以早晨和中午吃2～3片醋泡姜，可以像春夏养阳一样，帮助我们提升阳气。

食材

- 姜蓉20g
- 葱末10g
- 豌豆30g
- 胡萝卜丁20g
- 土豆丁20g
- 姜片20g
- 鸡蛋1个
- 鸡翅中10个
- 油适量
- 米饭250g

调味料

- 料酒10g
- 盐2g
- 胡椒粉1g
- 酱油20g
- 白糖2g
- 熟芝麻20g

食材准备

1 剔除鸡翅骨：剔鸡翅骨时，从鸡翅中较大的一侧入刀，因为它较容易切开。先切断掉连接骨头的筋，把筋划开，然后用四个手指头顺着鸡翅的两根骨头，把鸡翅的骨头给顶出来。再把去骨头的鸡翅肉，像翻衣服一样翻过来。鸡翅底部有脆骨的地方，用刀切一下，但不要切透，让它尽量保持一个兜的外观，可以装其他的食材就刚刚好。

2 腌制：加入料酒、盐、胡椒粉，腌制一下。

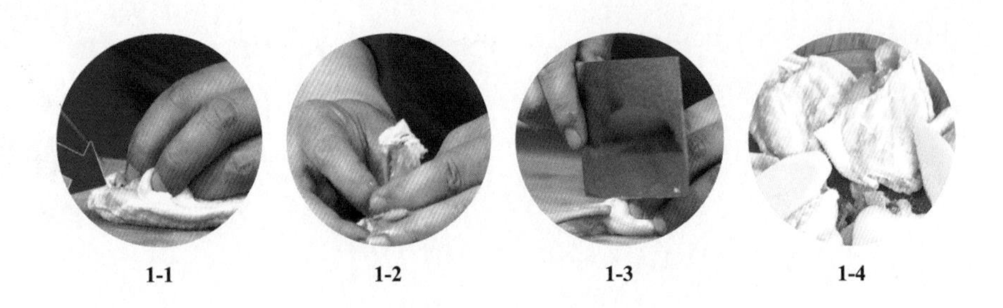

1-1　　1-2　　1-3　　1-4

做法

1 爆香姜蓉：锅中倒入适量油，放入姜蓉，可以多放一些，把它煸香。爆锅的时候先放姜蓉，为的是激发出姜味，最后放葱末，为的是提香味。

2 放入配菜：放入豌豆、胡萝卜丁、土豆丁，让配菜跟米饭充分融合。调味品只用酱油。这样既给炒饭增加了酱香味，又能让米饭越来越黏。

3 放入鸡蛋：炒好米饭之后，再放入生鸡蛋。在锅里搅拌之后，米饭迅速变黏。有了黏度的米饭，更适合做馅料。

4 填入鸡翅：把炒好的姜蓉炒饭填到脱骨的鸡翅里去，填满了鸡翅以后，尽量封一下填口，在填口处蘸一点干淀粉，这样鸡翅的外衣就成形了，姜蓉炒饭就被固定在鸡翅中。

5 煎鸡翅：锅里淋入几滴油，将鸡翅蘸有干淀粉的一面朝向锅底，在油上蘸一下就移至锅中没有油的位置，让油先把有干淀粉的地方煎出焦壳，起封口的作用。

6 焖烧鸡翅：在煎锅里多放姜片。

7 加入酱油，酱油一冒泡就直接加水，加入少许白糖，稍微焖一下，大约焖3分钟就可以了。焖烧鸡翅的鸡皮表面，有一些胶质，煎烧的过程中，汤可以自然呈现一个爆汁的效果。最后撒一点葱末和熟芝麻，即可出锅。

何氏秘籍

1

2

❶ 在煎制的时候，淀粉能起到封口的作用。用少量油煎制鸡翅涂抹干淀粉的地方，这样煎成的焦壳就把鸡翅包里的炒饭给封住了。

❷ 切几片红菜头和仔姜一起泡，这样泡出来的仔姜颜色就会粉嫩粉嫩的。放一些白糖，再把白醋倒进去，这样腌制的醋泡姜能激发食欲，早晨或者夏季吃都很适合。

鸡蛋能做出多少花样来？百搭的鸡蛋吃法实在是太多了，煮、蒸、炸、炒样样都美味。不论是做家常菜，还是出席宴会，总有一款鸡蛋料理能满足我们的味蕾。食材中平凡的鸡蛋，流淌着温暖情怀。夏季，天气闷热，人容易胃口不好。单一鸡蛋食材可以变着花样吃，做两道下饭菜：黄金蛋和酱鸡蛋。黄金蛋的蛋黄很润，下咽的时候没有干涩的感觉；酱鸡蛋的酱汁清凉爽口，材料丰富，放在冰箱里冷藏起来作为常备菜，非常适合慵懒的夏天。

黄金蛋

huangjindan

食材

- 鸡蛋3～4个
- 酸萝卜50g
- 泡椒丁25g
- 淀粉10g

调味料

- 姜末10g
- 油10mL
- 香菜末适量
- 蒜末15g
- 酱油8g

食材准备 先用白水将鸡蛋煮熟，再将熟鸡蛋剥皮，备用。

做法

1 切成金钱状：把熟鸡蛋切成金钱状，为了让蛋黄裹在蛋清的中间，要顺着鸡蛋的长边来切鸡蛋。但是不要把它切得特别薄，避免蛋黄脱落。切的时候准备点水，抹在刀口处（也可以涂适量的食用油），这样蛋黄就不会粘贴在刀面上。

2 在切好的金钱状鸡蛋片上蘸点干淀粉，再往蛋片上蘸点水，将淀粉打湿，防止蛋黄脱落。这样蛋片一下锅受热就会成膜，使用小喷壶喷水更好，喷好后稍微润一润。

3 在锅中倒入一点油，将鸡蛋煎出小焦壳即可。煎至两面金黄。加入姜末、蒜末，再稍微地煎炒一下，放入泡椒丁，可以根据个人口味，适量调整泡椒的量。也可以不放泡椒丁，直接放入酸萝卜。酸萝卜量大一点，略微地煎炒一下，把它们炒香。

4 加入适量酱油，将小火调成中火，可以适当加点水。撒入适量香菜末。

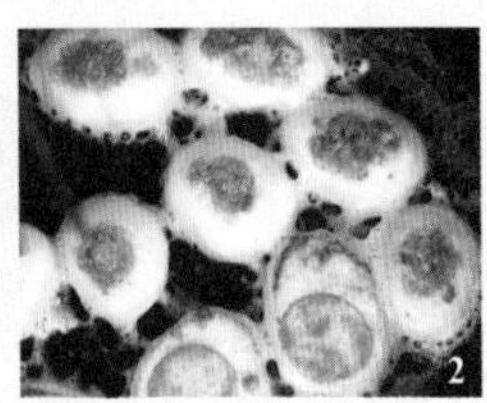

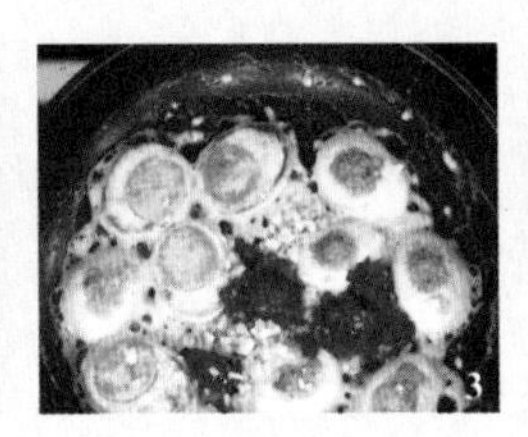

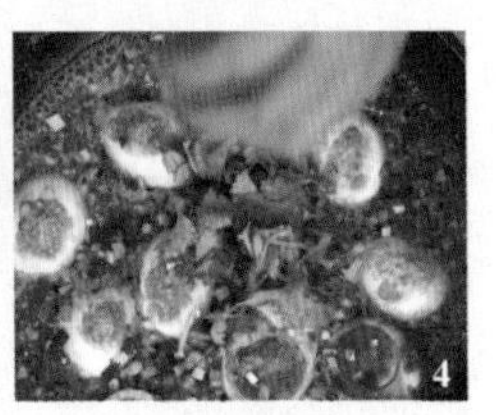

酱鸡蛋

jiangjidan

酱鸡蛋的酱汁
清凉爽口，材料丰富，
若在酱汁中添加鲜益母草，
在夏季食用可以
行水、利水。

| 食材营养小贴士 |

在做酱鸡蛋的酱汁中，添加了适合夏季食用的鲜益母草。鲜益母草有非常好的活血化瘀、行水利水的作用。用这种鲜品既可以疏肝行气，还可以养血活血。

代茶饮

这个代茶饮里面放入了白梅花、大枣、鲜益母草。白梅花有一定的药用功效，可疏肝行气、清热解毒。白梅花干品泡开后，会有一点点苦杏仁的味道。再加上大枣的甘甜，使得这个代茶饮的口味带有一丝丝的香甜。大枣在泡的时候一定要切开，这样能更好地发挥大枣的养血功效。具体的用量根据自身体质适当调整。想调理肝气就多放些白梅花，想养血补血就多放些大枣和益母草。

食材

- 鸡蛋8～9个
- 酱油1/2碗
- 葱15g
- 洋葱15g
- 鲜益母草适量
- 蒜15g
- 青辣椒15g
- 红辣椒15g
- 香菜15g

做法

1 先用白水将鸡蛋煮熟，然后将熟鸡蛋剥皮，备用。将青辣椒、红辣椒、香菜、蒜、葱、洋葱切碎后放入鲜益母草。

2 倒入半碗酱油。倒入白开水，酱油与白开水的比例是1∶1。

3 将煮鸡蛋放在调汁里，要完全浸泡在调汁里充分吸附汤汁。

4 拿保鲜膜将酱鸡蛋的碗密封，冷藏一碗。第二天早晨再吃，口感更好。

1

2

3

4

香酥烀饼

xiangsuhubing

人们在取食植物
根、茎、叶和果实的同时，
发现有很多花也可以食用，
有些花卉同时也是中药，
食用后对人体的健康状况
还有一定程度的改善作用。

| 食材营养小贴士 |

说到连翘花的命名，来源于它的外形：它的枝条和花都是向上翘的。花朵的外形和迎春花有些相似。在这里向大家传授一个分辨的小技巧：迎春花是六个瓣，连翘花是四个瓣。

连翘花从花、叶、心到果实，都能入药，浑身都是宝。花有清热、解毒、祛风的功效，叶子能够清心、肺热，连翘果实的壳能疏风、解毒、清热。如果家里有连翘花、金银花，可以自制简易版的双黄连代茶饮（简易版的双黄连就是少了一味黄芩），头疼脑热不想吃药，可以用代茶饮帮助自己和家人清热解毒：将连翘花和金银花（也叫双花）泡在一起，1:1煮水喝就可以，可疏风、清热、解毒、消肿、散结。

"百花影姗姗，芬芳入餐盘。"鲜花盛开的时节，将鲜花入菜，做成一道道美味佳肴，在中国历史上由来已久。华夏民族膳食结构向来以素食为主，人们在取食植物根、茎、叶和果实的同时，也对花展开了研究，在饮食中进行逐步推广和食用。连翘花非常适合在春、夏季食用，花期为3~5月。春暖花开的季节，用连翘花改良一道老北京的小吃，味美、咸香、酥脆，是营养和美味的惊艳碰撞！

这道菜，上手简单，几步就能学会它，烙一烙就能出锅，省事又方便。

食材

- 玉米面200g
- 虾皮25g
- 鸡蛋1个
- 蒲公英50g
- 连翘花15g

调味料

- 葱末10g
- 白胡椒粉2g
- 料酒8g
- 姜末10g
- 盐2g

食材准备

1 和玉米面时，不要把它和得特别软，将和好的面握在手里，就像海滩上的沙子，攥完以后稍一碰就散了，潮乎乎的即可。和面的时候，不用加太多水，玉米面达到一攥就成团、一捏就散的状态即可。

2 虾皮清水洗后，攥干。

3 鸡蛋打成鸡蛋液备用。

4 蒲公英切碎备用。

做法

1 炒虾皮：将清洗后的虾皮放入炒锅内，用中火无油炒香（洗后的虾皮咸腥味变淡，而且还保留了虾皮的鲜，可以给馅料提鲜），炒至呈金黄色以后，盛出。

2 锅中倒入少量的油，将蛋液下锅，尽量把它炒碎一点。

3 制作饼托：锅烧热后开小火，把和好的玉米面撒到干锅里，铺平，用手把面按压得薄一些，翻炒至颜色变得金黄。用铲子把它压实。

4 烀饼抹油：沿着烀饼边，用刷子抹一圈油，让油顺着边向内渗透。当烀饼变色，不呈干粉状时晃一下锅，使其变成一个整体。

5 调馅料：蒲公英切碎，放在炒好的碎鸡蛋里，放入虾皮，加入盐、料酒、白胡椒粉、葱末、姜末（注意脾胃虚寒者不适合吃蒲公英，可替换为其他蔬菜，这样馅料中的水分在后续操作中才会渗入到烀饼中）。

6 制作烀饼：把馅料倒在烀饼上，蔬菜馅料中的水汽会往下渗，味道也会更浓香。

7 焖制：加热两分半左右后，撒入连翘花，既起到点缀的作用，也可以和烀饼一起食用。

8 出锅：拿起锅晃一下，听到烀饼和锅底有“唰唰”的清脆声，烀饼不粘锅了，就可以出锅了。

何氏秘籍

烀饼酥脆的关键点在于和面的时候水要少。和面和出沙子的松散感，可以保证做出的烀饼口感酥脆。

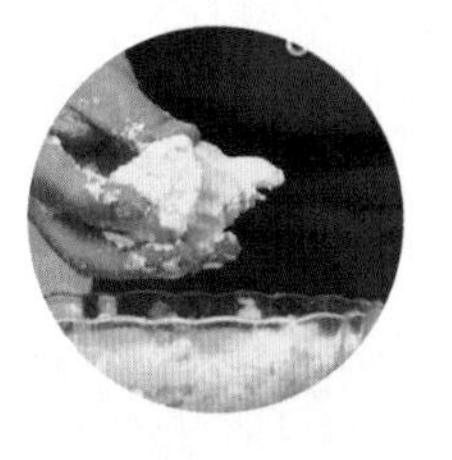

菜团子

caituanzi

外皮细腻，
薄皮大馅，
既适合老年人吃，
也适合
减脂瘦身的人吃。

一些长寿老人的饮食秘诀，就是用素食来代替部分肉食，吃得比较清淡。其实，适合高寿的人的饮食，既要清淡，还得有点肉味。这道黄金菜团子，外皮细腻，薄皮大馅。既适合老年人吃，也适合减脂瘦身的人吃。虽然是素馅料，可是有肉的味道，是地道的好消化的一道菜。看似寡淡，其实滋味和营养都很丰富。

| 食材营养小贴士 |

脾胃消化、吸收能力不佳的人群，食用菜团子时，适合搭配两壶茶一同食用：一壶消肉食，另一壶消面食。

消肉食的代茶饮，由两味药组成，一味是鸡内金，另一味是焦山楂。

山楂有两大功效，一个是消食积，另外一个是活血化瘀。如果取它活血化瘀的功效，就用生山楂；如果想消食积，用能入脾胃的焦山楂就恰到好处。

鸡内金，除了能消食积之外，它还有收敛功效，如果老年人夜尿频多，就适合服用鸡内金，能够固涩消石，比如肾结石患者常服这款代茶饮，可辅助消结石。如果爱吃肉，偶尔肉吃多了觉得胃胀，喝这款茶就特别好。脾胃舒服了，身体就会觉得顺畅、通透。

制作消面食的代茶饮时，会用到两种谷物的芽，以谷消谷：将谷芽和麦芽各取10克、泡水喝即可。

食材

• 鸡蛋2g　• 香菇50g　• 细红薯粉条100g
• 胡萝卜丁100g　• 玉米面200g

调味料

• 八角10g　• 姜片25g　• 胡椒粉3g　• 油适量
• 桂皮10g　• 洋葱片100g　• 盐2g
• 葱段100g　• 香菜50g　• 香油4g

食材准备

1 料油：锅中倒入适量油，烧热后，先放八角、桂皮、葱段、姜片、洋葱片。炒至葱和洋葱变得有点发黑，关火放入整根香菜，此时葱段、姜片的颜色也变深了，香菜的水分基本上没有了，把料油放到小碗中，备用。

1-1

1-2

2 鸡蛋打成蛋液，备用。

做法

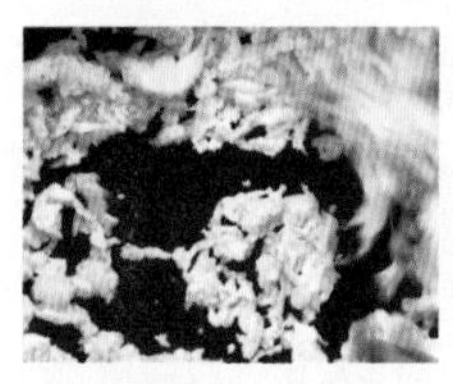

1 炒菜馅。锅内先倒点油，放入鸡蛋液，炒成小颗粒状。来回迅速搅动、搅散。炒成碎末状。

2 放入胡萝卜丁，与鸡蛋碎翻炒均匀。

3 将细红薯粉条泡发后切碎，倒入锅中，搅拌均匀。盛出馅料，放在盘子里。

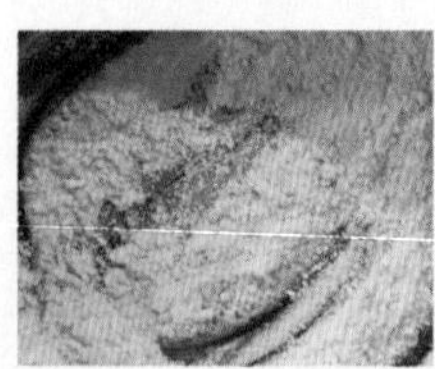

4 炒玉米面：重新起锅，锅不用刷，小火，舀上半勺玉米面干炒至熟。倒入容器中。

5 馅料中，加入胡椒粉。少加一点盐和香油，这样调出来的菜团子不粘手又好包。

6 打入一个生鸡蛋，使馅料更好地调和在一起。加入适量料油给菜团子调味。

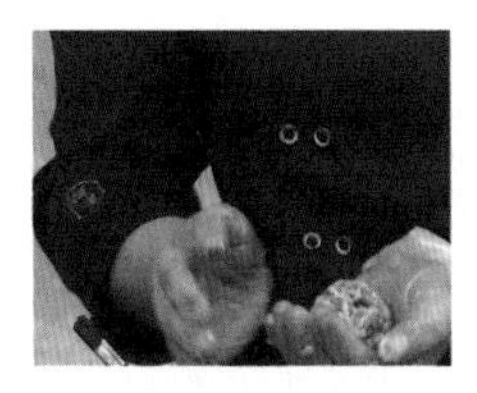
7 摇菜团子：将之前做的馅料，盛出一些放在两手中，捏成瓷实的菜团子。

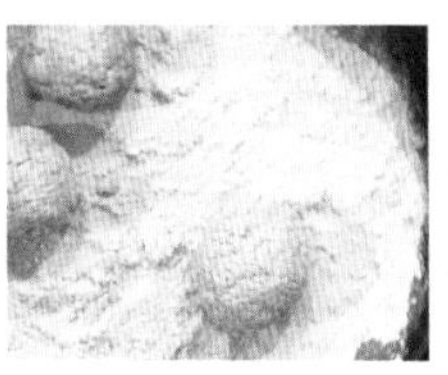
8 将菜团子放在玉米面上滚动，来回摇一摇，摇出菜团子，薄皮大馅的菜团子就有了雏形了。

9 蒸菜团子：把摇好的黄金菜团子放入蒸锅，大火蒸10分钟。因为菜团子里边是熟馅儿，外边的皮还很薄，所以易熟。

何氏秘籍

❶ 成团秘招：炒鸡蛋时，要炒至呈小颗粒、细碎状。

❷ 红薯粉条不要煮，泡发了就行，不要把它泡得特别透，还要保持它的一些吸水性，这样在拌入馅料中之后，红薯粉条才能吸收蔬菜的水汽，更容易与菜黏合成团。

❸ 玉米面要炒熟，炒熟的玉米面与蔬菜拌在一起，有黏黏糊糊的感觉，这样在摇的时候才不会散掉。如果用生玉米面去包，就会散落。

❹ 加入生鸡蛋，是要利用生鸡蛋中蛋清黏稠的特性，让它像天然胶水一样，把面和菜裹在一起。

❺ 调素馅时，多加一些胡椒粉，可以把菜馅调出肉味来。

苦苦菜炒焖子

kukucaichaomenzi

焖子是北方的
一种传统特色小吃，
苦苦菜能清热解毒通便，
非常适合在夏季食用。

便秘的人最有体会，排得畅那是一种痛痛快快的感觉。我们吃进去的食物，来到肠道这最后一站，最终顺畅地离开身体，说明我们的健康状况良好。不过便秘的时候怎么办？到了夏季，我们可以来点苦苦菜，帮助通肠排便。

苦苦菜又叫苦麻菜，这个季节在野地里最多见，它最突出的功效是清热、解毒、通便。

苦苦菜

蒲公英

苦苦菜长得有点像蒲公英，但它们的外形还是有一些差别的：苦苦菜的叶子冲上长，蒲公英的叶子则是朝下长。苦苦菜的叶子基本是圆形的，蒲公英的叶子是锯齿形的。但是苦苦菜和蒲公英的功效差不多，都有清热解毒的功效，都有很好的通便的效果。

苦苦菜炒焖子，非常适合在这个季节吃。焖子是北方的一种传统特色小吃。焖子好吃，但是焖子不好做，做得软了没口感、不筋道，做得硬了咬不动，满嘴都是渣子。地道的老焖子，少油慢煎，火候恰到好处，外面有一层金黄的壳，里头却是软糯的，还没等咬开就闻见一股焦香味，让人食欲大增。

| 食材营养小贴士 |

陈皮莱菔子代茶饮

有便秘困扰的人，也适合喝点陈皮茶。陈皮有理气的功效，与莱菔子搭配在一起，对腹胀排便不畅有帮助。莱菔子是萝卜的籽，有很好的降气功效，可缓解腹胀、便秘等不适症状。将陈皮和莱菔子搭配在一起喝，不伤正气：取陈皮10g，莱菔子15～20g，把它们放在水里煮，煮开了当茶喝一天都是可以的。

黑芝麻粉和核桃粉

再介绍一道有润肠功效的坚果粉，其中用到了两味食材：一味是黑芝麻粉，另一味是核桃粉。京城四大名医施今墨先生的爱人张培英，已经90多岁的高龄了，她的长寿法宝之一，就包括常服这道坚果粉。因为老年人的便秘是因为肠道干燥所致。黑芝麻粉和核桃粉含有丰富的油脂，所以有很好的润肠、通便效果。黑芝麻需要压碎了吃才好，这样才能充分吸收水分，能更好地促进肠道蠕动。如果要泡水喝的话，按照1:1的比例配在一起，用开水或者奶冲泡开，每天喝一次，让肠道变水润，排便也会很顺畅。

食材

- 红薯粉适量
- 苦苦菜适量
- 肉丁适量
- 红薯淀粉适量
- 红薯粉条适量

调味料

- 高汤适量
- 白糖3g
- 葱末适量
- 料酒适量
- 黑豆酱油5g
- 胡椒粉2g
- 姜片适量
- 辣椒圈适量
- 盐2g
- 五香粉2g
- 蒜片适量

食材准备

1 浸泡红薯粉：将红薯粉在水中浸泡两个小时左右，将红薯粉充分泡透至不结块。

2 红薯粉条：充分浸泡，将红薯粉条完全泡透、泡软。

做法

1 制作焖子。锅中放入少量油，加点料酒，把肉丁炒散以后加适量料酒，把油脂炒出来。

2 放入黑豆酱油、高汤，开锅以后，放入红薯粉条。红薯粉条与高汤的用量为1∶3。加入少许盐和白糖调味。加入适量胡椒粉和五香粉去腥、增香。熬制2～3分钟。搅拌开，浸泡2小时。

3 倒入红薯粉：一边在锅内搅拌，一边向里面倒入红薯粉。边倒入边搅拌，同步倒入红薯淀粉。全程大火熬制，让锅内的焖子熬制的越来越黏稠，达到凝固状态时就可以盛出装碗定形。

4 蒸焖子：如果焖子没有完全炒熟，可以先把步骤3的混合物放到蒸锅里蒸30分钟后，再拿出来放凉，并放入冰箱的冷藏室冷藏。之后的焖子会变得弹软、嫩滑。

5 炒焖子：将焖子切成块后，煎至呈金黄色、表面起焦壳。做焖子的食材是红薯粉，所以它形成焦壳的速度很快。

6 加入五香粉，放葱末、姜片、蒜片调味。煎出焦壳出来以后开大火，把配料的香气炒出来。

7 加入苦苦菜，炒制1分钟，撒入辣椒圈，出锅装盘。

何氏秘籍

❶ 炒肉丁时，要把油脂炒出来，这样在和焖子一起炒的时候才会香。

❷ 制作焖子的食材，不仅要有红薯粉，还要有红薯粉条：红薯粉条可提升口感。打个比方，肉皮冻弹性大，是因为里面有肉皮。做焖子，除了要用到浸泡后的红薯粉，还得用到泡开的红薯粉条，它就好比肉皮冻里的肉皮，既增加口感还增加质感。

摇滚藕丝

yaogunousi

夏天吃藕清热、凉血，
味道酸辣的摇滚藕丝
口感脆爽，
做法简单，
适合夏季食用，
营养又开胃。

| 食材营养小贴士 |

在这个时节，特别适合喝一款暑期鲜饮：双珠汤。将鲜芡实和莲子用纯净水小火慢煮15分钟，调味料只加一点盐，如果口味较清淡，不放盐也是可以的。这道汤的口味清香，一口饮下，仿佛来到夏季荷叶满眼的池塘前，倍感清新。

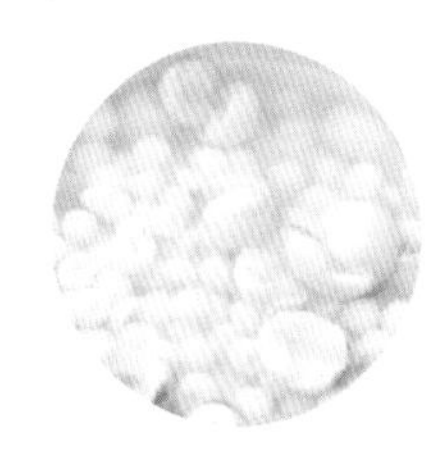
双珠汤

夏季容易出现心火旺盛的症状，心火上炎的时候，食用藕可以清心除烦，再加上莲子和芡实，既可以健脾，又可以补肾，还有清利补气的作用。

炎热的夏季，最适合吃的食物就是莲藕。莲藕口感爽脆，无论清炒、凉拌或是炖汤，都深受人们喜爱。今天教大家做一道好吃又简单的摇滚藕丝。酸辣脆爽的口感，十分适合在炎热的夏季食用。

食材

- 莲藕1个
- 黄椒1个
- 腌泡野山椒1袋
- 辣椒油2g
- 青椒1个
- 红椒1个
- 盐2g

食材准备

将青椒、黄椒、红椒切丝备用。

做法

1 藕切丝：要把藕从中间纵向切成两半，立起来之后先顺着藕的纹理切片，再顺着藕的纹理切丝。

2 藕丝泡水：藕丝泡水之后，能去掉表面淀粉，使藕的口感更脆。

3 藕丝焯水：藕丝焯水之后，藕粉会析出，20秒即可将藕丝捞出，放入冷水中。

4 快速入味。使摇滚藕丝快速入味的方法，就是将藕丝放入塑料袋中，将青椒丝、红椒丝、黄椒丝也放入食品封袋中，倒入腌泡野山椒和汁水、少许盐、辣椒油，封入一定的空气，封口后晃动袋子。

5 装盘：将酸酸辣辣、充分入味的藕丝，倒入盘中摆盘即可。

1

2

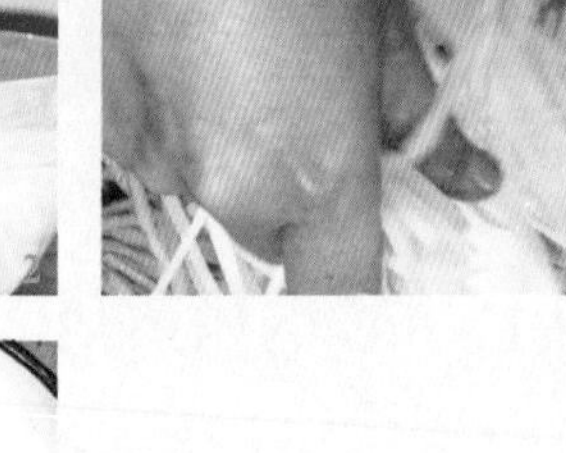
3

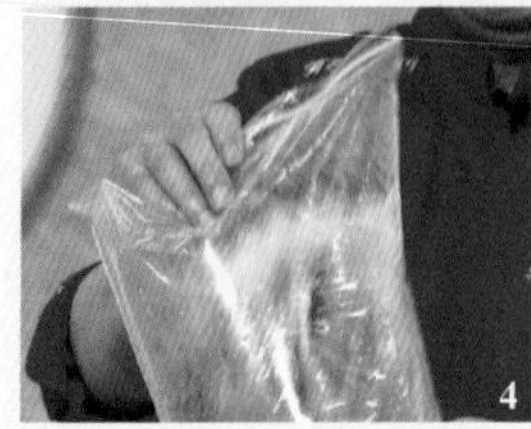
4

5

人到中年，更应该学会“如何吃”

“保温杯配枸杞”是一句网络流行语，完整的说法为“人到中年不得已，保温杯里泡枸杞”，其实，这种做法也是一种新的养生方式。

人到中年，体力和精力各方面都有所减退，大家都觉得将枸杞泡水喝能够补充体力。特别是到了夏季，更应该养阳祛湿，少吹空调，少吃冷饮。除了泡枸杞之外，还可以通过合理的饮食来维持身体年轻的状态。

年轻的时候，每到夏季，大家喜欢吃着烤串，喝着凉啤酒，或者刚吃完热的食物，就直接吃冰的东西。对于年轻人来讲可能没关系，但是对于中年人，这样做就很有可能会闹肚子。

冷、热交替会对人体产生极其不利的影响。我们在进食的过程当中，不要吃过热的食品，温度一定要基本上保持在70℃以下，食物适中的温度对我们的肠胃和咽喉，都能起到一定的保护作用。

不只食物的温度是中年人进食过程中需要注意的一个食养因素，过硬、过酥、过脆的食物也需要尽量避免食用，这有利于保护好我们的牙齿和口腔黏膜。中年人的饮食，需要有一个营养规划，不建议胡吃海塞，应该合理膳食，同时还要注意荤素搭配。以清淡为主，不要吃过麻、过辣、口味过重的食物。

所以“保温杯里泡枸杞”，反映的是生活方式的变化。但是也不宜过量食用，以免引发不适，同时，特殊体质者及有其他不适症状时不建议食用。

在家做轻食并不难

改革开放以来，中国迎来了快速发展时期，大家从原来的物资匮乏、多素少荤，到后来吃大鱼大肉，现在又回到了清淡饮食。我们现在生活好了，大家为了健康提倡轻食。少油、少盐、少糖，肯定是未来饮食的发展趋势。我夫人有糖尿病，吃不了糖，现在也提倡不吃油腻的东西，这种少油、少糖的食品就属于轻食。考虑到我夫人的身体健康，我平时常给她做轻食。生活中做轻食我也有自己的一些方法：第一，能不放油就不放油；第二，必须用油的时候，要用好油；第三，能不炸的尽量不炸，能煎就不炸，能用空气炸锅的时候就用空气炸锅。比如炒菜的时候，应该过油的不过油，而是过水。大家都知道滑肉片要用油来滑，但我们滑肉片的时候完全可以用水滑，我给大家讲一下这其中的原理：淀粉的糊化是90℃以上，只要我们把水温维持在90℃以上，把肉片下进去，它跟油滑出来的效果是一样的，吃起来口感不会有太大的变化，成菜的形态等各方面也不会有变化。不用油滑过的肉片，炒出来是清淡、鲜美、鲜嫩的，也一样能够达到最终的效果，甚至当你多吃几次以后就会觉得，这种过水的比过油的还要好吃。为什么呢？因为你已经习惯了清淡的口味。

轻食的味道，一直是网上热议的话题。愿意吃香的人，总是嫌弃轻食的寡淡，但是我却觉得这种寡淡也可以说是“别有一番滋味在心头”。既然是轻食，在制作这个菜品的时候，肯定在香度上会有一定的差异。一种食材，用油炸和不用油炸，香气肯定不同。但是，当你长时间不吃油炸食品后，你会发现食材自身的鲜美就出来了，你的味蕾会变得更加敏锐，更容易品尝到食物本原的味道。此外，这也与口味习惯有关。在经常吃油的情况下突然吃到一个没油的菜，口感上容易觉得不香。但如果经常吃没油的菜，偶尔吃到一个油炸食物，你就会觉得腻，这就是习惯。口味习惯的养成不难，坚持21天或1个月即可！

对于在家里如何做轻食，还有一个简单的方法。首先准备一款很好、很贵的油，1 瓶油为1～2L，价格为一两百元。这样一小瓶油，质量好，营养上以不饱和脂肪酸居多。如果不会挑选的话，就买价格比较贵的，这样一来，使用的时候你就会心疼，不知不觉就会少放些油了。

有人会问，橄榄油怎么样？橄榄油适用于凉拌，不适用于高温煎炸。油温120℃以上它就容易冒烟，所以一般情况下橄榄油是不耐高温的，可以用来做一些低温菜品，而不适合炒菜。

总而言之，轻食之轻，并不是说食材分量轻，而是提倡保留食材原本的营养和味道，提倡采用简单的烹饪方式，炎炎夏日，多吃轻食，这也是给身体减负的一种生活方式。

秋季养生菜

绿豆羊汤

lüdouyangtang

江苏省徐州市
有这样的习俗，
“伏天吃伏羊”。
夏秋之交吃“羊肉”，
搭配好了，既能补身体，
又能生津液，
实属“清补”。

夏秋之交，尚未出伏，特别适宜喝绿豆汤降温解暑，补充水分。绿豆汤属于比较清淡的食物，既可以预防中暑，也有助于解暑。绿豆汤，每家的做法都不一样，有把绿豆煮至“开花”的，有“不开花”的，有煮至颜色偏红的，也有煮至颜色偏绿的。

除了喝绿豆汤，去过江苏省徐州市的朋友，一定知道当地有一个“伏羊节”。“伏天吃伏羊”在徐州地区有着悠久的历史。当地人过伏羊节，是从每年传统农历初伏之日开始，至末伏结束，持续一个月。伏天吃羊肉，只要食材搭配合理，既能补身体，又能生津液，实属“清补”。比如将厚腻的羊肉与寒凉的绿豆搭配，特别适合在夏秋之交食用，是去火生津的清补饮食。

此外，羊肉也可以搭配白菜、萝卜，也很适宜在秋季食用。

| 食材营养小贴士 |

绿豆汤

我们每次熬出来的绿豆汤，会发现颜色有时候偏红，有时候偏绿。那么，究竟是红色的汤好，还是绿色的汤好呢？从营养学的角度出发，如果煮熟的绿豆汤颜色发绿，多酚类物质含量会高一些。当绿豆汤的颜色已经发红了，说明绿豆汤经过了空气的氧化，而且放置的时间越久，颜色就越深。一般绿色的绿豆汤抗氧化的作用会更好。

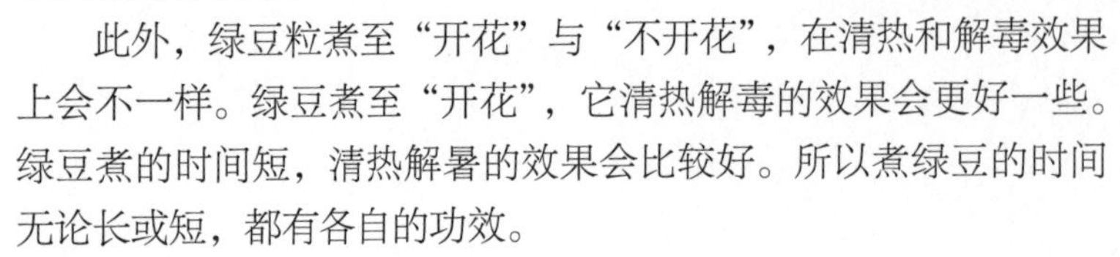

此外，绿豆粒煮至“开花”与“不开花”，在清热和解毒效果上会不一样。绿豆煮至“开花”，它清热解毒的效果会更好一些。绿豆煮的时间短，清热解暑的效果会比较好。所以煮绿豆的时间无论长或短，都有各自的功效。

食材

• 生绿豆50g • 羊排500g • 绿豆汤500g • 姜片20g • 葱段20g

调味料

• 白胡椒粒20～30粒 • 料酒20g • 盐5g

食材准备

羊排焯水：凉水下锅先焯一下水。刚要开锅，就把羊肉捞出，并用温水洗净。

白胡椒粒

生绿豆

羊排

做法

1 炒羊排：放适量油，用大火翻炒羊排。下入大块的葱、姜。翻炒出香味。

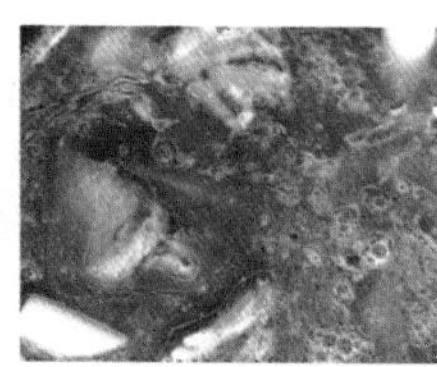

2 加汤：把煮好的绿豆汤倒入锅中，大火烧开后用小火炖煮。

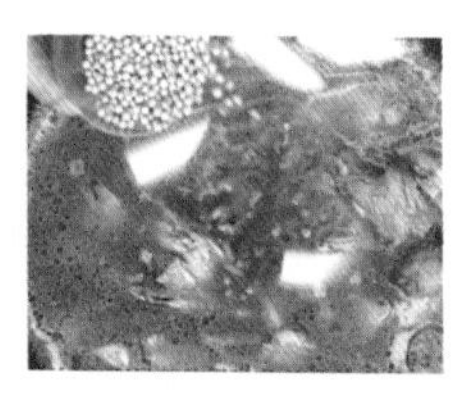

3 放料：放入白胡椒粒。

4 放生绿豆：放入生绿豆，再放入料酒，再次去腥膻。炖煮大约50分钟。出锅时，刚好生绿豆也就开花了。

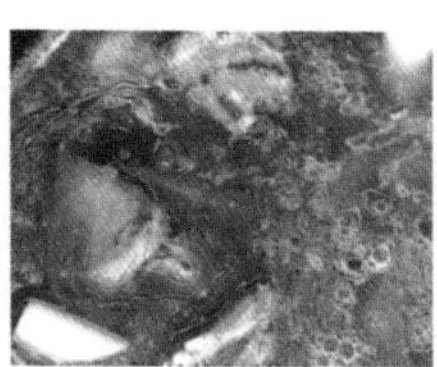

5 焖制：盖上锅盖，中小火焖煮50分钟。

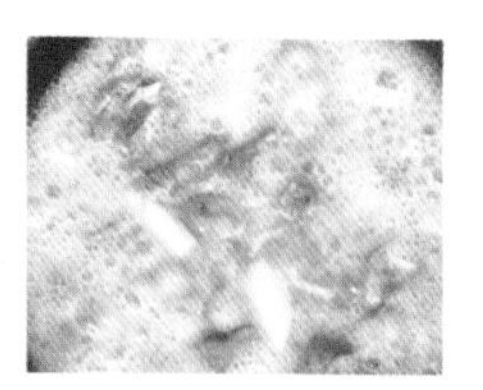

6 开锅以后，加入盐，奶白香浓的绿豆羊汤就煮好了。

何氏秘籍

在这里教大家一种不用煮就能熬成开花软烂的绿豆汤的方法：用老式暖瓶，把绿豆洗干净以后，直接放在暖瓶内，灌入热水，盖上盖子，闷制七八个小时，能直接闷熟。对于上班族来说，方便、简单、快捷。

为什么要在绿豆羊汤中放白胡椒粒而不是白胡椒粉？因为做绿豆羊汤需要长时间炖煮，放入整粒的白胡椒，它会慢慢地释放味道，会把羊排从里到外的腥膻异味充分清除掉。

想让绿豆羊汤炖煮以后是白汤得注意三点，第一是熬汤之前先炒羊排，第二是炒羊排的过程中要用大火，第三是汤水要充足。

五彩水蛋

wucaishuidan

五彩水蛋里
配料丰富，
营养全面，
肉类、海鲜类、
蔬菜类，
再配上蛋奶，
一应俱全。

蛋羹表面吹弹可破，轻轻一晃，蛋羹在盘中微微颤了一下。蛋羹与盘边若即若离，不沾碗，不挂壁，这样的蛋羹吃完之后，盛蛋羹的碗也容易刷。鸡蛋羹是家常菜，然而要想做出一碗没有蜂窝、丝滑细腻的蛋羹来，也是需要烹饪技艺的。

“盐究竟该如何用”是制作这道鸡蛋羹的关键。有的人做出来的鸡蛋羹形似蜂窝煤，那就是提前放了盐的缘故。要想使鸡蛋羹的表面丝滑如镜面，要在后期调味。如果在打蛋液或者蒸蛋的时候放盐，鸡蛋羹蒸好之后就会呈蜂窝状。

此外，盛蛋羹的容器在使用之前处理得不好，不但会直接影响鸡蛋羹的卖相，还会不容易刷。碗要先温一下才能放蛋液。温碗的方法，是要在碗的里面挂上一层薄薄的水液，这就是烫碗，把碗里的水滗出去之后再倒入蛋液，掌握了这个小技巧，蒸好的鸡蛋羹表面就会平整丝滑，蛋羹既不沾碗，也不挂壁。

蒸一碗蛋羹时，火候也很关键，中小火将锅预热，将蛋羹放到锅里，始终保持一个火力，蒸8分钟即可。

食材营养小贴士

鸡蛋中的蛋白质氨基酸的配比更有利于人体吸收，吸收利用率较高。

牛奶可以去蛋腥，增蛋香，是鸡蛋口味和营养的最佳拍档。

五彩水蛋里的配料丰富，肉类、海鲜类、蔬菜类，再配上蛋、奶，营养全面。

食材

- 豌豆30g
- 虾仁50g
- 牛奶300mL
- 胡萝卜丁30g
- 干贝20g
- 酱油适量
- 香菇丁30g
- 瘦肉丁50g
- 香油适量
- 秋葵30g
- 鸡蛋3个

做法

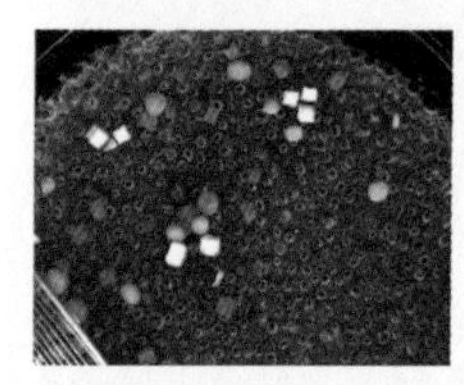

1 蔬菜焯水：先将整根秋葵放在水里焯一下，切片；焯一下蔬菜丁；最后将瘦肉丁焯一下。

2 将鸡蛋打成蛋液，打成顺滑流动状即可。

3 在蛋液中倒入牛奶，鸡蛋蛋液与牛奶的用量为1∶2。

4 烫碗，将煮开的水淋到碗的周边，烫一下碗的内壁。烫好之后，把碗里的水滗出去。

5 将步骤1的瘦肉丁及蔬菜丁先放到碗里。

6 将打好的蛋液过筛，倒进放好食材的碗里，过滤的时候尽量不要让蛋液沾到周边。

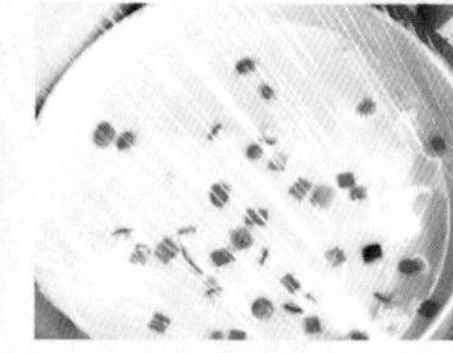

7 将耐高温的保鲜膜封在碗的上面，把它绷紧，在碗的侧面用叉子扎一些眼，用于透气。

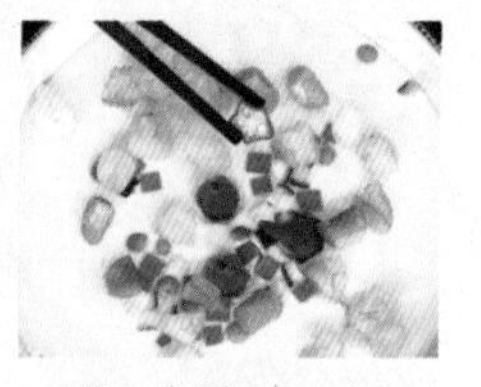

8 蒸6分钟后，打开锅盖，将保鲜膜取下，把切片的秋葵放在蒸好的鸡蛋羹上。将虾仁、干贝也一同摆在鸡蛋羹的表面。

9 重新盖上锅盖，再蒸2分钟。

10 用酱油和香油调制料汁，打开锅盖将料汁浇在鸡蛋羹上。一道色香味俱全的五彩水蛋就出锅了。

何氏秘籍

鸡蛋牛奶配

在鸡蛋中放入牛奶，可以减少鸡蛋的蛋腥味，口感上更加润滑。蛋液与牛奶的用量是1∶2。若不用牛奶，蛋液与水的用量是1∶1.5。牛奶在锅里蒸的时候，较易凝固，所以牛奶要略微多放一些。如果是“三高”人群，在选择牛奶的时候，可以选择低脂牛奶，减少脂肪的摄入。

妙用保鲜膜

蒸鸡蛋羹时在碗口覆保鲜膜的目的是不让水进入到蛋羹里。在给保鲜膜扎孔时要注意透气孔的位置，如果透气孔在保鲜膜的中央，锅里的水蒸气会顺着保鲜膜上的孔，直接流到蛋羹里。将孔扎在保鲜膜靠近碗边的位置，会让水蒸气聚集在保鲜膜的中央，就不会影响到碗中的蛋羹了。

锅盖与美食之间也有关系

现在家里常用的玻璃锅盖或者不锈钢锅盖在蒸蛋羹的时候水珠会滴落在蛋羹表面，就需要在碗口处盖上保鲜膜；如果是老式的木锅盖和竹锅盖，它不会把水积成水珠，所以不盖保鲜膜也没有关系。

蒜蓉排骨

suanrongpaigu

蒜蓉排骨是
一道美味可口的
地方名菜，
将熟蒜与排骨搭配，
开胃、消积、止泻。

| 食材营养小贴士 |

大蒜如果生吃，会对胃产生刺激。如果熟食的话，会比较好消化。从食疗功效的角度来说，大蒜熟吃可开胃消积、止泻。大蒜生吃，可以预防感冒、降血脂、调节胰岛素和保护血管。

蒜香排骨是一道美味可口的地方名菜，属于上海菜。肉质鲜嫩、味美、蒜香浓郁、咸鲜适口。蒜香排骨里的蒜是“熟”吃的，我们常吃的糖蒜里的蒜是生的。大蒜生吃和熟吃，养生功效各不相同。

制作这道蒜蓉排骨时使用的是蒜泥，既有蒜的细腻，又有蒜的营养，大蒜素的成分也得到了保留。捣蒜的时候想让它黏，想让它更出味，一定要加点盐，利用盐的作用让它更黏，捣出来的蒜也会更香。

食材

• 排骨500g　• 面粉适量

调味料

• 蒜50g　• 料酒10g　• 酱油5g　• 姜1段　• 葱姜水适量
• 盐2g　• 白胡椒粉2g　• 豆豉15g　• 葱1段

食材准备

1 将蒜加2g盐捣成蒜泥，捣至发黏的状态备用。

2 准备蒸排骨秘料：将蒜蓉、豆豉用油浸泡出香味。

2

3 用葱姜水浸泡排骨，充分洗去血水和腥味。反复清洗之后，肉色会发白。用厨房用纸把洗净的排骨的血水充分挤出。将排骨放在碗里，做食材备用。

3-1

3-2

4 葱、姜切大块，备用。

做法

1 腌制排骨：将排骨放入碗里，放入大块的葱和姜、蒜泥、料酒、白胡椒粉、酱油，反复揉搓使排骨充分入味，揉4～5分钟。

2 放入蒸排骨秘料，再反复揉搓排骨，让排骨腌渍得更入味。

3 倒入薄薄的一层面粉抓拌。

4 将腌渍好的排骨，先摆盘。尽量不要把它叠放，这样排骨的中间不容易熟。要把排骨摆成一个平面。

5 放入大块的葱和姜，上锅蒸50分钟直至软烂。

6 关火，蒜蓉豉香味的蒸排骨就可以装盘了。

何氏秘籍

除蒜蓉排骨之外，再给大家介绍一道何氏“三白腌糖蒜”（这“三白”是指盐、白糖、白醋，白糖和白醋的用量为1:1）。

❶ 先给蒜去皮，这样处理会更卫生。自己在家里做腌制食品，一定要注意食品安全，去掉蒜的外皮就是去掉它所有带菌的地方。做糖蒜一定要用新蒜不要用老蒜。在蒜上撒上盐杀菌，用盐拌腌一下，腌制1～2小时。

❷ 将用盐腌制过的蒜，直接放在已消毒且可以密封的容器里。

❸ 调糖蒜汁：先将白糖倒入密封罐里，加适量开水使糖溶化；将白醋倒入密封罐里；放入盐20g（盐是百味之宗，只有甜酸味没有咸味，糖蒜的口感就会大打折扣）。糖蒜汁要没过所有的蒜为宜。

❹ 放入白酒10g。

❺ 密封后阴凉处放置20天左右即可。腌好的糖蒜呈半透明状，口感酸甜嫩爽。

疙瘩汤

gedatang

这道全家都爱喝的粗
粮疙瘩汤，
味道鲜美，
很适合在大汗之后
补充钾元素。

人体在大量出汗的时候，汗液不但会带走体内的水分和钠元素，还会流失一定量的钾元素。夏季天气炎热，人们胃口普遍不好，如果进行较多的户外运动，在吃的食物较少的情况下，身体因能量代谢对钾的需求量就会增加。所以在炎炎夏日，不但要及时补水，还要补充适量的矿物质。

夏季适宜以汤的形式补充水和矿物质，这有助于维持正常体温，保持血液循环畅通；还能减少体内自由基，增强免疫力等。正确摄入矿物质可以帮助机体保持良好的代谢状态，促进机体恢复。夏日粗粮疙瘩汤，就很适合用来补钾。

| 食材营养小贴士 |

谷物外皮和糊粉层里钾、蛋白质、B族维生素的含量较多。加工越精细的粮食，谷皮中营养元素流失得越多，剩下的基本就是淀粉了。制作这道夏日疙瘩汤时用的谷物食材玉米面和荞麦面，可增加人体钾的摄入量。

钾是溶于水的，夏日多喝汤羹，对于补钾是有好处的。钾含量高的食材非常多，可参考表中的数据。

常见食物含钾量一览表

（以每100克食物中含钾量计算）

食物名称（蔬菜类）	含钾量（毫克）	食物名称（水果类）	含钾量（毫克）
蛇豆（大豆角）	763	牛油果	599
榛蘑（水发）	732	椰子	475
慈菇	707	枣	375
百合	510	沙棘	359
鱼腥草	494	芭蕉	330
毛豆	478	菠萝蜜	330
竹笋	389	山楂	299
红心萝卜	385	海棠果	263

补钾的同时，也要注意钠、钾的摄入是否平衡。钠摄入量过高，也不利于控制血压。根据2022版《中国居民膳食指南》的饮食参考建议，每日盐的摄入量不宜超过5g，就相当于2000mg的钠。预包装食品，一定要标注钠的含量，成年人每天摄入钠的上限是2000mg。

食材

- 玉米面75g
- 菠菜50g
- 西红柿1个
- 鸡蛋1个
- 土豆100g
- 荞麦面75g

调味料

- 酱油8g
- 盐3g
- 葱花10g
- 味精2g
- 香油3g

食材准备

1 制作面疙瘩时，玉米面和荞麦面的用量为1:1。如果想额外加点面粉，提升面疙瘩的口感，可再加入与玉米面等量的面粉。制作面疙瘩的方法详见P85。

2 将西红柿切块。

3 将土豆切丁。

4 菠菜洗净后切碎。

做法

1 炒西红柿：锅中倒入适量油，放一点葱花，把西红柿炒出香味。炒好的西红柿块会变得软烂。加适量水，煮开。

2 将土豆丁放到锅内一起煮。倒入酱油调味。

3 下疙瘩：将和疙瘩的盆摇起来，边摇动边沿着锅分散着下入疙瘩。开大火，锅开后，稍微煮一分钟即可，让疙瘩汤变浓稠。锅中冒大泡后关火。

4 甩蛋花：关火以后，将打好的鸡蛋液，沿着筷子滑落到煮开的锅内。等5秒钟，拿勺子轻轻一推，蛋花就浮出来了。

5 下菠菜：最后放入菠菜碎，菠菜一烫就熟了。调香油：淋入一点香油，出锅。

何氏秘籍

摇疙瘩的时候往往摇出的疙瘩大小不均，有时候还会粘成一坨，有时候还能吃到里面的生面粉。建议在烹饪前掌握这些窍门：首先要选一个大盆，如果盆小，面粉在盆里活动不开，面疙瘩就会粘成一坨。其次手要快速搅动，点水的时候要始终匀着点，整个盆都要转动起来，每一边都要浇到。要匀速摇，不要着急，手要快速转动盆。要使水往干粉处转动。最后用手挤一挤疙瘩，让疙瘩更紧实、更筋道，吃到嘴里更有嚼头。

点水

捏面疙瘩

在瓶盖处扎孔

| 小贴士 |

如果是粗粮，黏性小不容易成疙瘩，转盆的速度更要快。可以借助矿泉水瓶，给瓶盖处扎个小孔，利用瓶中水的压力，匀速地将水滴到盆内。

老北京打卤面

laobeijingdalumian

我们家被邻里称赞的“何氏私房打卤面”，十分适合在又湿又热的夏末、秋初食用。

| 食材营养小贴士 |

夏末、秋初时，天气潮湿、闷热，若湿气蕴结体内，就会出现疲乏、无力的症状，因为阳气不足，不能化湿。若湿气久留不除就会化热。所以体内有暑湿者也会出现内热的症状。祛湿的同时，阳气就容易受损，所以会觉得缠绵难愈。同时还会出现长湿疹、关节不适等症状。石花菜的种子有很好的温肾阳的作用，同时还可以化湿。

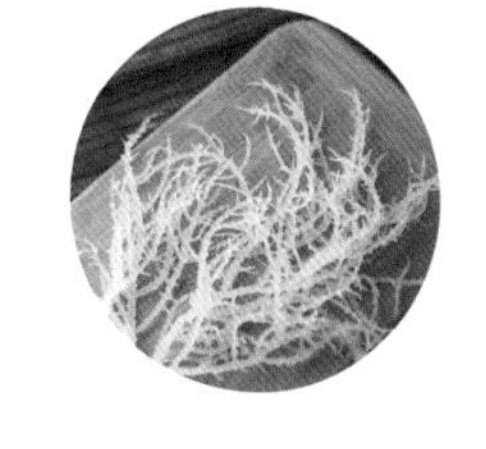

石花菜的种子还有通利关节的功效，很多人在夏末、秋初会出现阳虚寒凝的症状，寒凝在关节就会导致屈伸不利，尤其是阴天下雨时，关节还会特别不舒服，这时食用石花菜的种子 就可以起到补肾壮阳、祛湿利关节的作用。

最好吃的老北京打卤面一定是家人亲手做的那一碗，没有过多的配料和步骤，但却是记忆中永远的美味。我们家被邻里称赞的“何氏私房打卤面”，也充满着小时候的回忆。

制作时，要用到一种神秘的食材，它是制作传统老北京打卤面时必不可少的，这个食材就是石花菜。

石花菜，也叫鹿角菜，属于藻类，呈丝状，煮完以后，口感有一点软、有一点滑，还有点脆。根据《随息居饮食谱》记载，不同粗细程度的石花菜，叫法也不同。“细”的被称作“石花菜”，“粗”的被称作“麒麟菜”，也叫鹿角菜。

石花菜还有药用功效，可以清上焦之热，是甘咸寒之品，制作打卤面时加少许石花菜，可以消除暑热。

食材

- 肉片150g
- 口蘑50g
- 黄花菜25g
- 木耳20g
- 手擀面适量
- 海米10g
- 石花菜50g
- 香菇25g
- 鸡蛋1个
- 肉汤适量

调味料

- 油20g
- 八角5g
- 料酒10g
- 酱油30g
- 花椒10g
- 水淀粉适量

食材准备

1 煸海米：先将海米洗净，用温水浸泡30分钟，海米控干水分后，用中小火煸炒出海米浓郁的香气。浸泡海米的水留用。

2 将黄花菜用温水浸泡30分钟，浸泡的水留用。

3 将口蘑、香茹切成片状。鸡蛋打入碗中，搅匀后备用。

食材准备

1 调油：锅中倒入少许油，放入八角小火煸炒，让八角的香气渗入油里。满屋飘香的时候，把八角捞出来。

2 放料：放入肉片及煸海米，炒香。炒至肉片卷起、出现焦边时，即可放入其他食材。

3 炒口蘑：将口蘑切成片后放入锅内与其他食材一同翻炒（口蘑用油煸以后，香气才能充分挥发出来，仅靠煮香气是煮不出来的），当口蘑开始变软、变小时，口蘑鲜美的汁水就流出来了。

4 调料：口蘑片变小之后，将火候调大，顺着锅边加入酱油，滋出酱油花的时候，才能充分释放出酱油的香气。倒入料酒去腥。

5 放原汤：倒入三种原汤，即肉汤、黄花汤、海米汤，原汤要全部倒入锅内。

6 放料：原汤开锅以后放入石花菜，这是制作传统老北京打卤面时必须放的一样食材。放入黄花菜、香菇片、木耳。

7 调制浓稠的汤汁：通过砸芡、泼芡、勾芡，使汤水既浓稠又有流动感。要让每一根面条都能挂满卤汁。

8 甩蛋花：关小火，将鸡蛋液像溪水一样，细细地沿着筷子边淋入锅内。可以清晰地看到锅内的一条蛋液线。10秒钟之后，仍然可以清晰地看到卤汁内的蛋花。将卤汁盛出。

9 洗锅以后，重新倒入少许油。放入花椒，待油烧热以后，将花椒捞出，趁热将花椒油倒入盛出的卤子里。花椒油泼入卤子的瞬间，卤子表面会起一层皮。

10 将调好的卤子直接倒入煮好的手擀面上，拌匀后即可食用。

砸芡

何氏秘籍

做卤时，要用到三种勾芡方法：砸芡、泼芡、勾芡。

砸芡：开大火，把芡汁高高地向下砸入锅里。之后用汤勺在锅内推一下淋入的芡汁。将沉底的芡汁向锅内的四周推匀。

泼芡：等汤稍微变得浓稠之后，靠近汤面泼一层芡汁，汤勺内盛上芡汁，转着向锅内将芡汁泼入锅内。

勾芡：稍等汤汁再浓稠一些，将勺内的芡汁放入汤内冒泡的汤水处，这样会让汤汁更浓稠一些。

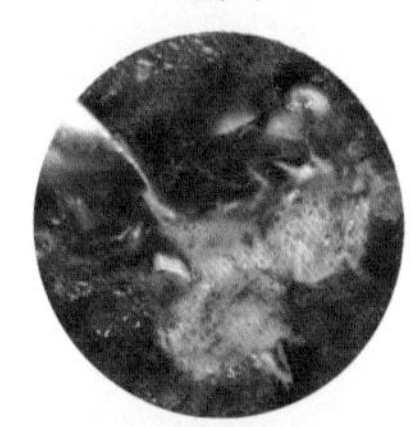

泼芡

勾芡

暖身酸辣汤

nuanshensuanlatang

寒风凛冽的深秋，
喝下一道
暖身酸辣汤，
暖身又暖心。

霜降，是秋天的最后一个节气。进入霜降节气后，气温骤降，在这样寒冷的日子，喝下一碗热乎乎的暖身酸辣汤，暖胃又暖心。胡椒粉和醋两种调味料的使用，又给汤增加了酸和辣的口感。恐怕没人可以拒绝酸辣汤酸酸辣辣的口感。秋季食用的话，还能散寒、发热、养肝。

五味入五脏，养肝，需要吃一些带酸味的食物。酸辣汤里的酸，对养肝起到很好的效果，还能促进食欲。

秋季饮食还要“减辛增酸”，“减辛”即少吃辛味食物。秋季气候较干燥，消化系统相对较弱，“辛”味食物会加重肠胃负担不利于健康。

食材营养小贴士

在霜降节气，除了天气会变得冷，人体还容易被秋季燥邪所侵袭。俗话说“霜降打柿子”。在这个时候吃柿子，它辛凉的性味还有润燥的作用。柿子全身都是宝，不光可以吃，它的柿霜、柿蒂和柿叶都是药物：柿霜有清热利咽、清肺热的功效；“丁香柿蒂散”中就用到了柿蒂这味药材，既可以降逆止呕，又可以使胃气下降；柿叶在《滇南本草》当中有记载，经霜收下的柿叶，有治臁疮的效果。现代研究发现柿叶有抗金黄色葡萄球菌的作用，与山楂、茶叶配伍，对增加冠状动脉血液量有帮助。

食材

- 鱿鱼须50g
- 鸡蛋1个
- 香菇50g
- 金针菇50g
- 木耳丝25g
- 笋丝25g
- 干豆腐丝50g
- 西红柿（切块）1个
- 干豆腐丝50g
- 虾仁50g

调味料

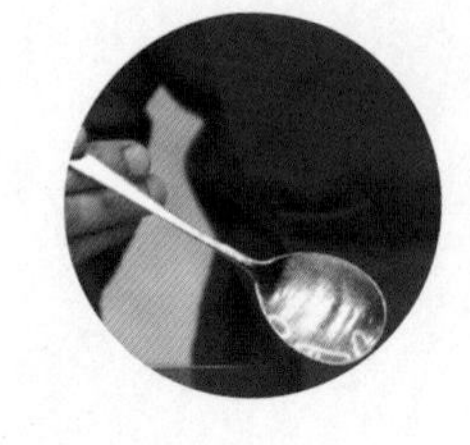

- 油10g
- 酱油10g
- 料酒10g
- 胡椒粉4g
- 醋28g
- 芡汁适量
- 香油3g

食材准备

1 将鱿鱼须切成条。

2 芡汁中水和淀粉的用量为3:1。

3 将鸡蛋搅成蛋液。

做法

1 煸炒鱿鱼须：先煸炒鱿鱼须，煸炒后的鱿鱼须口感有韧性和嚼头。

2 放入香菇、金针菇，菇类的营养物质都是脂溶性的，如果不煸炒，菇类的鲜香味道是出不来的。

3 加入一点料酒以及一点酱油。加入开水，开锅后加入胡椒粉和醋调味，胡椒粉与醋的用量为1:7。淋入香油，搅拌均匀。

4 放入食材：先下木耳丝、笋丝，再把干豆腐丝、西红柿块全部放入，下的时候豆腐丝要用汤冲到锅里，不要拿勺子拨入锅中，以免弄碎豆腐丝。

5 勾芡：制作这道汤要用到4种调芡汁的方法，砸芡、泼芡、埋芡、勾芡。首先是砸芡，芡汁有高度，讲究先砸，再等，最后一推，将汤汁调浓；泼芡是贴近汤汁、将芡汁均匀地泼在锅内；再次是埋芡，将汤勺内盛满芡汁，将勺子迅速沉底，然后搅动汤汁；最后是勾芡，在锅内开锅起泡大的地方，将芡汁从勺内倒入。

6 放入虾仁：虾很容易熟，有了虾仁的助力，这锅暖暖和和的汤，补肾温阳的功效就更强了。

7 甩入鸡蛋：蛋液要离锅边15~20cm处沿着筷子淋入锅内，用筷子顶着碗，高一点。要将蛋液转圈淋入锅中。甩蛋液的时候，要用中火。之后要将蛋液在锅内推均匀，汤汁就变浓稠了。

8 盛出：用汤勺在空碗上顶一下，汤汁沿着汤勺倒入碗中即可。

雪白鱼锅

xuebaiyuguo

制作这道雪白鱼锅时，所用的汤汁是适合在秋季饮用有润燥功效的豆浆，有一种滋润的口感，尝起来鲜香。

制作“雪白鱼锅”的食材，清一色都是白色。烹饪的手法也有一个特别之处：汤汁是用便宜又家常、适合在秋季饮用且有润燥功效的豆浆，而且汤汁里外通透、一白到底。做好的雪白鱼锅，有一种滋润的口感，尝起来鲜香，没有豆腥味，也没有鱼的腥味，口感很奇妙。

| 食材营养小贴士 |

进入秋天之后，有时候感觉怎么喝水都不解渴，好像虽然已经把水喝到胃里头，但是嗓子依然干痒。这个时候，适合来点既能养阴又能润燥的饮品。

从古至今，豆浆不仅是一种美食，同时还能改善我们的肺热症状。据《延年秘录》记载饮用豆浆可“长肌肤，益颜色，填骨髓，加气力，补虚能食”。曹颖甫先生写的《经方实验录》也有记载，“每遇贫人肺热，嘱食豆浆”。《经方实验录》中，也推荐将豆芽跟豆浆一起煮制来食用，既可以润肺还可以清热，同时还可以改善口干、舌干、鼻子干等因燥热引发的不适。如今，豆浆依然是很多人吃早餐时的首选。

食材

- 鱼片200g
- 干豆腐丝50g
- 百合25g
- 玉米淀粉10g
- 银耳50g
- 豆芽50g
- 豆浆500g

调味料

- 葱片20g
- 白胡椒粉4g
- 青辣椒末10g
- 姜片10g
- 料酒8g
- 红辣椒末10g
- 盐4g
- 油10g
- 花椒叶25g

备注：需要厨房用纸处理鱼片的水分，砂锅和炒锅同时备用最好

食材准备

1 鱼片去皮，充分地泡水以后，形成一个雪白的鱼片。焯水备用。

2 烧开一锅水，放入葱片、姜片，加2g盐、2g白胡椒粉，再倒入8g料酒。

3 放入银耳，稍稍加热以后加入干豆腐丝、豆芽，煮熟后捞出备用。

4 鱼片上浆：沥干步骤1中鱼片的水分，再用厨房用纸将鱼片的水分吸干，边吸鱼片上的水分，边把浸泡鱼片的碗边擦干。加入料酒、玉米淀粉、油。油可以起到润滑的作用，也可以起到分离的作用，添加了油以后，鱼片的口感会变得鲜、香。上浆后的鱼片，晶莹剔透、爽脆。

5 将豆浆放入砂锅中，再加一点水。豆浆烧开以后，关火（关火以后，砂锅的保温性能依然好，能用90℃左右的温度，把它闷熟）。放入上浆的鱼片，不需要调味，将豆腐丝、豆芽、银耳捞出放入砂锅内。

6 开小火，微微加热。

7 加入2g盐、2g白胡椒粉调味，放入百合。关火，汤面上放上青、红辣椒末，花椒叶。

8 浇油：将烧开的油浇在汤面上，热气腾腾出锅即可。

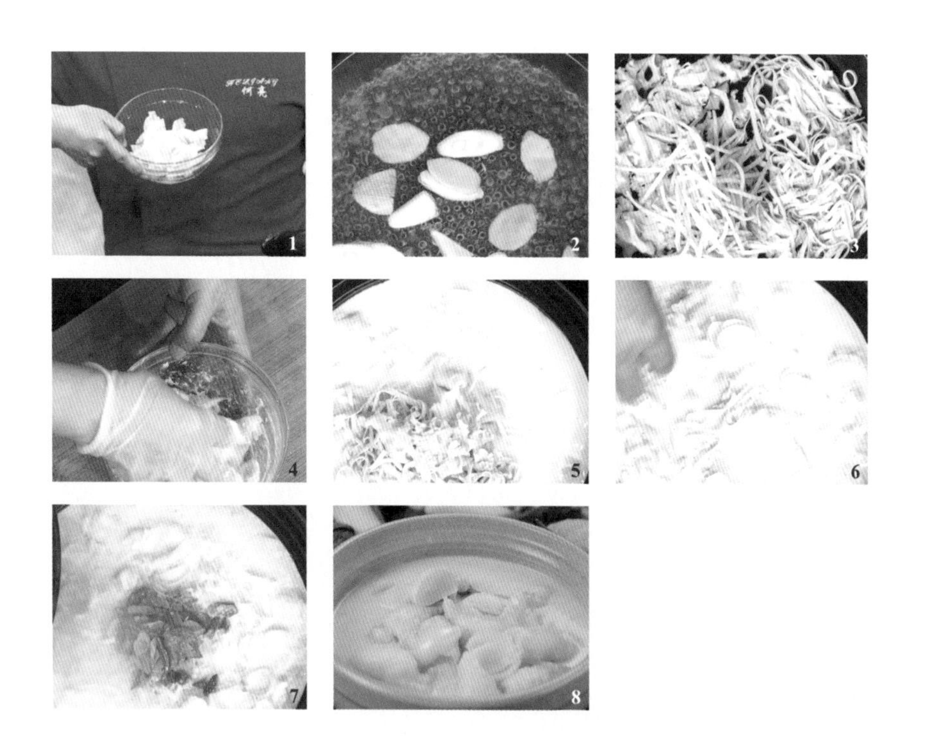

何氏秘籍

鱼片上浆的时候是不能放蛋清的。虽然蛋清起到了增嫩的作用，但是容易使鱼片脱浆。鱼肉本身就非常嫩了，再放蛋清就成了画蛇添足。

通常水产品的含水量相对较大，鱼肉片口感偏软、滑、质软，但是易碎，没有嚼劲。所以想要鱼片够脆爽，必须得先去除水分，再用盐去抓它，越抓越黏。

提倡“真、少、有”的健康饮食新理念

近年来，随着人们消费和生活水平的提高，人们对日常饮食的需求更加精细化，“真材料、少添加、有营养”的饮食健康新理念也被越来越多的人所提倡：在日常饮食选择上做到“真、少、有”，用健康的饮食习惯给身体减负。

现在流行的“全民养生热潮”中的“新兴生活方式”，还是很有趣的。这个新兴的养生概念很好，可是如何去吃才能够简简单单地做到“真、少、有”，这就需要一定的方式和方法了。

“真”是指食材的真实性，比如食材是否新鲜，是否添加各种添加剂等；食材的加工方式是否健康？以我过去的经验，符合“真、少、有”标准的食材是否新鲜是一方面，食材原产地是否具有环境优势是另一方面。好的源头才是好品质的重要保证。实际上我们每一个城市、每一个地方都有它独有的食材，新鲜度只是其中一个方面，只有经过学习，了解烹饪相关的知识，才能够做到了解真材料。

“少”指的就是少添加，不要一味地追求“色、香、味”而摄入过多不必要的添加剂，如色素、香精、防腐剂等。最近也有网友在问我“日常所吃到的盐，是不是含有抗结剂、防腐剂、添加剂等”。这些粉丝热议的话题，也恰恰说明人们都在关注食品成分是否天然、简单、安全。

“有”，是指有营养。我个人对烹饪的理解，采用少油、少盐的烹饪方法是非常必要的。生活中，很多食材的烹饪方式是从营养成分最大化的角度出发，比如生吃就能够使营养成分得到充分保留，西红柿、黄瓜这类蔬菜，生吃会更营养、更健康，但是生吃也需要注意生冷食物的卫生问题。

烹饪方式也需要精简。有营养、天然的食物，简单的烹饪和调味就已经足够。我们过去常用红烧、干烧的烹饪方法，食物在烹饪的过程当中常需要油炸等。 而今，对于新鲜的食材，我们尽可能采用清蒸、水煮、炖的方法来制作，这样就能够更多地保留食材原本的营养，营养素能得到充分的保留，吃进食物的同时，还能兼顾美味与营养。当然，烹饪的时间也不是越长越好。

秋季是丰收的季节，水果蔬菜种类丰富，多选用应季的食材，“顺时而食”，便是最好的贯彻“真、少、有”的生活方式。

冬季养生菜

京酱牛肉丝

jingjiangniurousi

京酱牛肉丝是
一道家常菜品，
改良后，
不但提升了菜品的
温煦功能，
同时还能补气。

天气特别寒冷的时候，人也会变得特别怕冷，有的人虽然到了秋冬季节，还是会经常出虚汗，而且在晚上睡着后或在睡醒时，都在出汗，俗称“盗汗”；还有的人，白天稍微一动就会出汗，称之为“自汗”。除了出汗的症状，还会伴有腿脚冰凉、怕冷的表现，若有以上表现，就非常适合吃这道改良版、具有补气功效的“京酱牛肉丝”。

食材营养小贴士

很多人爱出汗，尤其是自汗，这样的体质为胃表气虚。气虚的人通常会怕冷，这就是身体温煦功能不好的表现。其实，日常生活中的一些食物就有补气的功效。

牛肉有健脾养胃的功效，同时还能补气，尤其是补中气的效果非常好。相比其他肉类食材，牛肉补气的功效更明显，也更适合在冬季食用。

制作这道京酱牛肉丝时必须用到葱丝，葱和生姜一样，都具有辛散的功效。吃这样的食物容易导致出汗，如果本身容易出汗，那就在制作时加一点萝卜。俗话说“冬吃萝卜夏吃姜”，萝卜有降气的作用，用葱丝配上萝卜丝，就可以降气收敛。

制作京酱牛肉丝时的汤水是浮小麦水。用浮小麦泡水，既可以敛汗，又可以清心除烦。浮小麦的常用量为30g即可，常用浮小麦代茶饮，可以清心、除烦、助眠。

食材

- 酱牛肉250g
- 红萝卜丝50g
- 干豆皮5张
- 葱丝50g
- 青萝卜丝50g
- 浮小麦30g

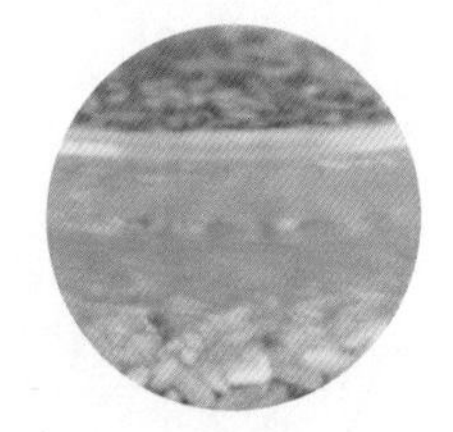

浮小麦

调味料

- 姜酒50g
- 生抽10g
- 盐2g
- 老抽2g
- 白糖6g
- 油10g
- 甜面酱3勺
- 香油10g
- 水淀粉适量

备注：姜酒是用姜和料酒泡出来的；泡姜酒时，也在其中加入浮小麦水。

食材准备

酱牛肉切丝备用。

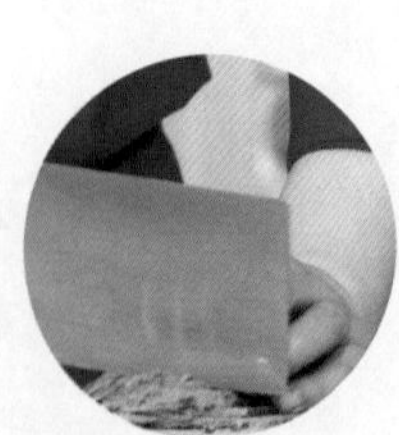

做法

1. 炒酱。将油和香油按照1∶1混合后倒入锅中。倒入甜面酱和姜酒，开小火慢炒，将酱炒香。
2. 调味：倒入适量浮小麦水，放入白糖，放少许盐、老抽、生抽。将汤汁熬出味道。
3. 放入酱牛肉丝在汤汁中翻炒，让酱牛肉丝完全裹上汤汁。
4. 勾芡：用水淀粉勾一点薄芡，让芡汁与牛肉充分地结合。
5. 将炒好的牛肉丝盛出装盘，准备包制。将干豆皮打开、铺好，先将牛肉丝沿着豆皮的方向“一”字铺开，然后将葱丝、红萝卜丝、青萝卜丝也沿着牛肉丝铺好，将豆皮卷好。
6. 切豆卷：斜切成美观的小豆卷块，装盘即可。

何氏秘籍

何氏酱牛肉调味料

• 油16g	• 香油16g	• 大料10g	• 桂皮10g	• 白芷5g
• 豆蔻10g	• 小茴香5g	• 冰糖20g	• 酱油4g	• 味精2g
• 山楂2片	• 干辣椒10g	• 陈皮10g	• 盐适量	• 白糖适量

何氏酱牛肉

1. 将白芷、豆蔻、小茴香、大料、桂皮小火凉油下锅炸，浸炸3～5分钟，让它慢慢升温。
2. 等到屋子全是香气之后，将冰糖倒入锅中，倒入酱油和水。
3. 汤汁煮沸之后，加入盐、白糖、味精、香油即为卤汤。想让酱牛肉好吃，还可以加点山楂、干辣椒、陈皮，这样味道就更丰富了，也更容易软烂。
4. 把牛肉放入卤汁中炖煮、焖制即可。

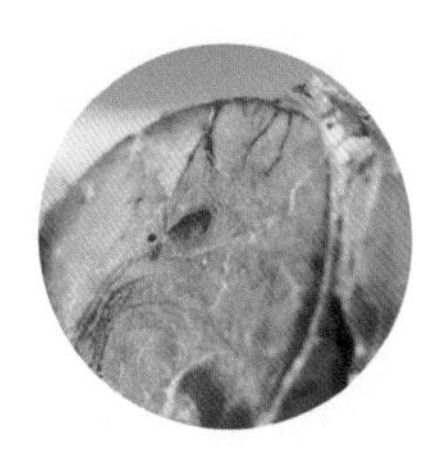

缤纷开屏鱼

binfenkaipingyu

用药膳汤做辅料，
不光味道好
而且养眼，
喝的时候还
没有药味。

| 食材营养小贴士 |

秋、冬季煲点排骨药膳汤，既可以直接饮用，也可以作为缤纷开屏鱼的调味汤汁。这道排骨汤里，放入了杜仲、巴戟天、肉苁蓉三味药材。杜仲的外观像树皮，掰开“树皮”的外表还能拉丝，是非常好的补肾之品。巴戟天的外观像毛毛虫，中间有一个细的孔，空心处有点像吸管，也有很好的补肾阳、强腰膝作用。肉苁蓉有“沙漠人参”之美誉，温润而不燥，有很好的温肾补阳、润肠通便的作用。虽然用到了这三味药材，但是在喝汤的时候，不但没有药味，还能尝到排骨的鲜美。

药膳排骨汤

咸豆豉和淡豆豉

制作缤纷开屏鱼时也用到了豆豉，它既是食材也是药材，味甘、辛，在临床上经常用的是淡豆豉，起解表发汗、散寒除烦的作用。

现在越来越多的药食同源的食物出现在了我们的餐桌上，可能在人们的印象中，都觉得中药苦味重，但是用作药膳的中药，不但没有药味，还能滋补身体。这道缤纷开屏鱼，就是用药膳汤做辅料的一道菜，不光造型美观而且味道好。银鲳鱼肉质紧实且鲜美，再配上好的刀工，使得成品菜外观绚丽而且鲜香宜人。

食材

- 银鲳鱼750g
- 豆豉20g
- 肉馅50g
- 排骨药膳汤300mL
- 笋丁30g
- 香菇丁30g
- 红椒丁30g

调味料

- 葱末20g
- 蒜末5g
- 姜末10g
- 油适量
- 盐5g
- 白醋25g
- 料酒20g
- 酱油10g
- 白糖5g
- 胡椒粉2g

食材准备

1 银鲳鱼改刀：切银鲳鱼时，要如图所示斜向切。摆盘时可以当作孔雀头来用。

2 鱼鳃部位要保留一点肉，起到支撑的作用。

3 切断银鲳鱼中间的刺，切断时直接用力拍刀的刀背。

4 翻面，另一面也用同样的处理方式，稍微带一点鳃盖里的肉，刀尖略微向前倾斜。

5 鱼头取下后，放在盘中时鱼头能够立起。

6 切鱼身，一定要腹部相连且将背部断开。

7 将背部切成鱼片时，用刀尖将朝向身体的一侧用力切，每两刀之间的间隔要均匀。

8 切到鱼身及尾部的时候，留如图所示的尾尖，每两刀之间的间隔基本上一致，鱼的外观才好看。

9 将排骨药膳汤熬好备用。

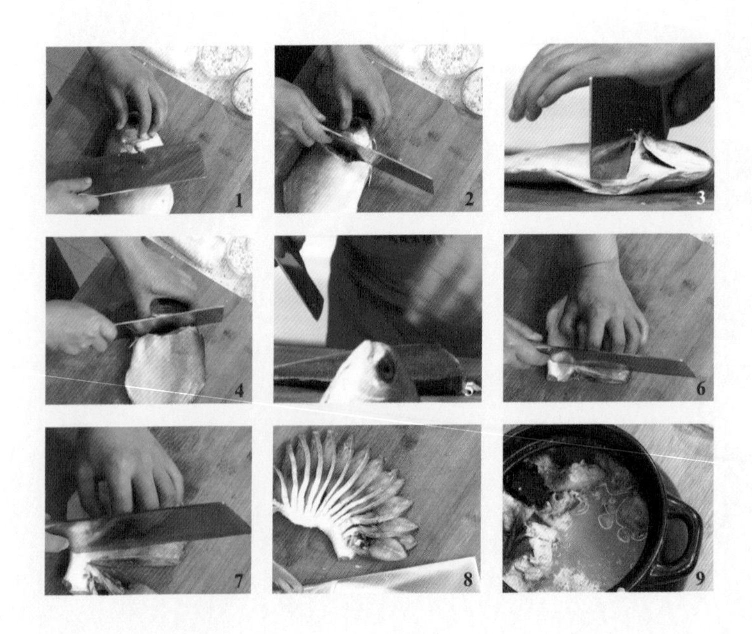

做法

1 腌制鱼身：将切好的开屏鱼放入水中浸泡。鱼身和鱼头都要在腌制后制作。放入白醋去腥、增白（不会使成品鱼肉带有醋酸味）。加上少许料酒。再放入少许盐使鱼身入味，还可以让肉质更加紧实。稍微浸泡一下。

2 先将豆豉切碎（豆豉外面有一层壳，不切开不入味）。

3 锅中倒入少量油，先简单翻炒豆豉碎，再加入肉馅和蒜末。加入料酒，使肉馅更容易松散，把火可以稍微调大一点，去除肉馅中的腥膻异味。

4 肉馅炒香之后，加入熬好的排骨药膳汤，加上少许酱油，再加入白糖、盐，加入胡椒粉去腥膻异味，放入葱末和姜末（葱、姜要切得碎一些，下锅后不用煸炒，简单翻炒一下即可出锅）。

5 将腌制好的鱼码入盘中呈孔雀开屏状。将鱼头立在盘的边上，鱼身围着鱼头依次摆开。将步骤4的混合物均匀淋在鱼身上，这样更入味。豆豉酱会慢慢地向鱼身的四周渗开，鱼头部位也要灌一点豆豉酱。

6 将笋丁、香菇丁、红椒丁一层一层铺在鱼身上，铺好以后呈孔雀开屏状。

7 将摆好的鱼盘直接入锅，加盖，大火蒸制8分钟，即可出锅。

何氏秘籍

蒸鱼时，在锅内加入5g白醋，可以更好地去除腥味。蒸的时候一定要旺火足汽，中途不能打开锅盖，这样鱼肉才能味道鲜美，口感爽脆。

家常蓑衣茄子

jiachangsuoyi qiezi

这是一道被改良的药膳，加入天麻，菜品的口感也变得脆爽多汁，还可以缓解因肝风上扰引起的头晕。

鲜天麻和凉薯都是中药材，用到菜品当中，就可以做成一道新药膳：家常蓑衣茄子。特别适合在家里制作，简单方便又快速。

凉薯

天麻

天麻，外观像小白萝卜，尝起来脆爽多汁，味道有一点酸。以前我记得家中的老人出差，到贵州、四川、湖北这些地方，能够买到当地的天麻，尤其是鲜的天麻。现在，物流更发达了，上网买点鲜天麻，就能做这道药膳美食，所以在我们的北方人的餐桌上，也能够看到新鲜天麻的身影。我们的餐桌上食材的种类越来越丰富，口味也越来越多样。

清甜、汁水充盈的凉薯北方人不经常食用，而在广西、广东、湖南、福建等地则较常见。在食用方法上，南、北也存在着差异：南方人习惯用凉薯炖汤，将凉薯加在鸡汤里边去炖；而北方人习惯把凉薯切成丝以后用盐杀出水分再挤干，做成拌凉菜，口感清甜、脆爽。

| 食材营养小贴士 |

有的人经常头晕，可能是因肝血不足、肝风上扰引起的。用鲜天麻片煮鸡蛋，会对因肝血不足引致的头晕有缓解作用。每天早上煮鸡蛋的时候，可以放上几片鲜天麻片，吃完鸡蛋再喝汤，最后再把天麻片吃掉。用这样的方法做出来的天麻片，口感有点像土豆片，或者像山药片。干天麻在食用时每天不要超过10克，如经常出现头晕的症状，不建议一次吃太多，小量、多次吃，食用一段时间后，因肝血不足导致的头晕会有所改善。

食材

• 长茄子1个 • 凉薯1个 • 天麻1根 • 肉馅100g

调味料

• 盐6g • 料酒10g • 姜末适量
• 番茄酱30g • 酱油20g • 葱末适量
• 白糖5g • 水淀粉适量 • 油适量

食材准备

1 将凉薯切成丁。

2 将天麻切成丁。

做法

1 用蓑衣刀法将茄子改刀。

2 将茄子去色入味：在浸泡茄子的碗里，先放一点盐。加点水，用淡盐水把茄子浸泡一下。

3 调馅：在肉馅中放点料酒，再加点酱油，加入葱末、姜末和少许盐，最后再加入少许白糖。

4 加料：在调好的肉馅料中放入凉薯丁和天麻丁，增加馅料清脆的口感。

5 茄子腌制之后，用厨房用纸把水吸干再放入锅中蒸。将吸干水分的蓑衣茄子摆盘。

6 将馅料放置在摆好的蓑衣茄子上，用筷子均匀铺开，简单又省时。

7 蒸制：上蒸锅蒸12分钟即可。

8 调番茄芡汁：炒锅中放入适量油，倒入番茄酱，炒到呈颗粒状，加水后再进行调味。调味时只放白糖和盐，炒至变色以后，加入一点水淀粉。

9 将炒好的芡汁，淋在蒸制好的蓑衣茄子上。

何氏秘籍

❶ 炒番茄汁：炒番茄时适合多放一点油，油少了，番茄红素出不来，香气也会不浓。番茄酱炒至颜色润了以后，放入的芡汁不用炒得特别浓稠。

❷ 切蓑衣刀的时候，要注意两个要点，一是要180度角将茄子翻面；二是切的时候要注意刀尖与菜板始终保持呈30度角。切第一面的时候，要直切，切好之后将茄子翻转180度，转到没有切的另一面，刀尖与菜板要保持呈30度角，用这样的方法切，茄子就会呈现“拉花”的改刀效果。

酸菜白肉

suancaibairou

这是东北人过冬离不
开的酸菜白肉，
寒冷的天气，
喝上一口热酸菜汤，
暖胃又驱寒。

| 食材营养小贴士 |

人与自然界天人相应，养生也讲究春生夏长秋收冬藏。冬藏说的是护藏阴气，保证来年可以有一个更好的状态。

服用几味适合冬季滋补的中药材，有助于健康过冬。滋补小料包，也可以叫作“补虚三宝”，它包含三味良药：西洋参、虫草花、灵芝。虫草花和灵芝，都是适合日常保健使用的，而且经济实惠。

补虚三宝中的西洋参性偏凉，具有补肺降火、养胃生津等功效，特别适合气虚、阴虚者食用，既能补气，还能够滋阴，食用后能够很快地补充体力。大脑疲劳的时候适合用西洋参泡水喝，可以起到提神补气、凝神益智的作用。

小料包里如果用的是冬虫夏草，成本就会增加，换成虫草花就物美价廉了。虫草花也有滋补肝肾的作用，价格比虫草便宜很多，而且药效也没那么强，所以稍微多放一点也不会上火。灵芝取用10克即可。用虫草花来滋补肝肾，跟灵芝一同使用，药效会更明显。

虫草花、灵芝和西洋参片

酸菜白肉是以酸菜和猪五花肉为主要食材的一道东北满族菜，口味酸香咸鲜。肉片中带着酸菜的酸，酸菜又吸足了肉的浓香，肥而不腻，酸爽又开胃。

有时候幸福很简单。下班的人披星戴月，匆忙赶着回家。抬头星空点点，推开家门，餐桌上刚好摆着一碗有汤、有肉、有菜的酸菜白肉。此时此刻，一身寒气、一身疲惫、一肚子的饥饿，都被这碗热汤菜给驱散了。北方人喜欢的酸菜白肉，特别适合在这样寒冷的天气吃，寒风刮起来的时候，来上这么一碗热汤菜，肉香汤浓，酸爽开胃，暖胃又驱寒。

对酸菜白肉稍做改良，增加一个小料包，就有了药膳的特性，更加适合在冬季进补。

食材

- 猪五花肉（肥瘦相间）150g
- 酸菜300g
- 滋补小料包（西洋参10g、虫草花5g、灵芝10g）

调味料

- 葱段适量
- 料酒10g
- 白糖3g
- 葱末适量
- 姜片适量
- 盐3g
- 姜末适量

做法

1 先将猪五花肉煮熟。锅中加凉水，将猪五花肉下入锅中，加入葱段、姜片、料酒，炖煮大约20分钟。原汤保留待用。

2 先将酸菜切成片。

3 再将酸菜切成丝。

4 将猪五花肉改刀：待整块猪五花肉放凉，将肉切成薄片，肉片越薄脂肪溢出得越快。这样煮出来的猪五花肉，肥而不腻。将猪五花肉摆盘。

5 砂锅炖煮：将原汤倒入砂锅内，放入滋补小料包和切好的酸菜丝。

6 调味：放入料酒、盐、少许白糖，让酸味变得柔和。再放入少许葱、姜末。炖煮10分钟左右，调成中小火。

7 加入猪五花肉：将摆好的猪五花肉片平移到砂锅内。盖盖之后，小火再炖煮10分钟。将白肉多余的油脂再煮出来，再让酸菜入味，煮出来的酸菜就又香又有味道且汁水丰富。

8 观察猪五花肉有一点变形，油脂都被释放出来，关火。

何氏秘籍

❶ 煮猪五花肉时，要用筷子测试一下肉皮的熟烂程度，当筷子特别容易扎进去，肉拿起来还稍微有点弹性，这个火候就可以了。原汤保留待用。

❷ 切酸菜的时候，先切成薄片，从酸菜帮横方向切，从侧面切进去，然后撕成两片。切薄一点是为了方便切细丝。将酸菜切成细丝，口感上也会不一样。酸菜越煮越脆，而且它能吸汁。酸菜芯的部位不用横切，直接切丝就行了，但为了方便嚼，酸菜芯要用斜刀来切。

家庭版本的羊蝎子

jiatingbanbende yangxiezi

暖身、暖胃、又暖心，
适合在冬季进补。
脾胃虚弱的人
也适宜在冬季食用
这道羊蝎子。

很多人都爱吃羊蝎子，但是在家里做又不如餐厅做得好。其实，只要掌握了做羊蝎子的窍门，在家就能吃上一顿鲜香美味的羊蝎子。方法极简单，做出来一点腥膻异味都没有，非常浓香。制作秘诀就是提前将羊蝎子泡一宿，去除了血水和80%的腥膻异味。

食材营养小贴士

冬季应补肾。中医历来就有药食同源的说法。据《随息居饮食谱》里记载，羊蝎子有很好的补肾作用，同时还可以通督脉。老年人或者胃弱的人，可以用羊蝎子煮水来熬粥，或者直接吃羊蝎子，治疗肾虚腰疼。在寒冷的冬天，建议食用羊肉和羊蝎子来补阳、补气血。

补阳的同时，还要注意潜阳。中医认为，如果出现了肝肾阴虚，就要潜阳，也就是要把耗散在外的肾阳给收敛回来，使其回到肾中、肾阳不外散，这就是中医所说的潜阳。

制作羊蝎子的时候，可以搭配龟板、鲜天麻片、肉苁蓉。龟板一般用醋泡制，醋龟板可以入肝经，养阴作用是非常好的。天麻，通常被用来平肝潜阳，息风止痉，还可以止痛、祛湿、通络。鲜天麻外观像萝卜，吃起来咯吱咯吱的，非常爽脆。肉苁蓉生长在沙漠当中，是一种耐旱药材，所以它既是温热的，还是滋润的，可以用它来补肾温阳，润肠通便。

龟板

鲜天麻片

肉苁蓉

食材

- 羊蝎子1000g
- 醋泡龟板10g
- 大枣10g
- 鲜天麻片20g
- 肉苁蓉10g
- 枸杞5g

调味料

- 黄酱30g
- 葱片30g
- 蚝油10g
- 料酒15g
- 姜片30g
- 盐4g
- 黄酒15g
- 老抽10g
- 白糖8g

做法

1 焯制：羊蝎子冷水下锅，加上葱片、姜片、料酒，煮沸后将血沫撇净，不停地用大火焯水。处理干净的羊蝎子原汤可以留用。

2 煲羊蝎子：将羊蝎子和羊蝎子原汤放入砂锅中，煲制。羊汤去除血水之后，很清澈，还有点奶白色。

3 炒料：锅中放入少许油，加入黄酱。黄酱的量可以稍微多一点，先用小火炒制。放一点黄酒，利用黄酒把料酱澥开。黄酒能给酱提香，会让酱香浓郁。小火慢炒，炒酱功夫到了，羊蝎子就会特别鲜香可口，所以炒酱是非常关键的一步。加入老抽、蚝油、盐、白糖。

4 炒料配药材：炒酱调味之后，放入鲜天麻片、泡制的龟板、肉苁蓉，也可以放入日常泡水喝的大枣、枸杞。

5 放酱料：将步骤4炒好的酱料倒入砂锅中，开锅以后，盖盖。改小火炖煮50分钟。

6 出锅：50分钟后装盘即可。

何氏秘籍

家庭版羊蝎子无腥膻味的秘诀，就是下锅之前用清水泡透。用清水泡一宿之后，羊蝎子中的血水被去除，在熬制羊蝎子的过程中，也要不断地去除羊蝎子原汤中的血沫，这样不但原汤可以使用，而且羊蝎子的膻味也被去除了，保留了羊蝎子的鲜，而没有羊肉的膻。

浸泡出血水

坚守并快乐着

我热爱烹饪教学。毕业时，因为成绩优秀，我留校任教了，并被学校推送到北京教育学院烹饪大专班学习两年。那时候，我的月收入也就47.5元。看着同学们在东兴楼、松鹤楼、萃华楼这些老字号饭店进进出出，面对和同学之间每个月三四百元的收入差距，我也曾经犹豫过，但是认真掂量之后，我还是决定继续从事烹饪教学工作，因为从事教学工作对我来说更有意义。

在学校里，我看到了一张张稚嫩的面孔。在青涩稚嫩之下，这些孩子们往往背负着艰辛难言的生活。职业院校的孩子们不容易，拿我们学校来说，父母离婚的孩子占了50%，低保家庭的孩子占了30%。有一个孩子，2岁丧父，母亲又得了白血病，家里还有一个有智力障碍的姑姑。姑姑总是用手指抠他的眼睛，有时把孩子的眼睛抠得像金鱼眼一样肿起来，孩子的后背也被严重烫伤过。这样一个没人疼没人管的孩子，来我们学校之前就因为打架、抢劫进过拘留所，来学校之后刚一个月，又一次违法被拘留，学校要开除他。

我能理解这个孩子，一旦把他推出校门，艰难的生活将快速淹没这个孩子和这个家庭的全部。为了避免他被开除，我斩钉截铁地和校领导表态："我来负责他！"

这个孩子的转变是从一场台球赛开始的。当时他自称台球打得好，全校无敌手，十分自负。我便与他约定在课余时间进行一场台球比赛，两个小时的比赛，他一盘也没有赢。他急着与我约定下一场比赛，我说："等你能够遵守学校纪律，好好学习专业技能，期末取得好成绩了，我们再赛一场。"他哪里知道，其实我的台球打得并不好，为了打赢这场比赛，我足足准备了两个月。从那以后，他不仅改掉了不良行为，还主动为班集体做好事。毕业前夕，他光荣地加入了共青团组织，并被分配到京城大厦工作。他把第一个月的工资捐给了希望工程；在他18岁生日那天，他又把参加无偿献血作为礼物，回报社会。后来，他去了新加坡工作，娶了一位马来西亚姑娘。如今，他母亲的病情也好转了，这个家庭又有了希望。

作为一名教师，我的使命就是成为孩子们成长路上的一盏灯。有人问过我，残障的孩子教得会吗？我的回答是没问题。家长听到这个答案，神态各异，略显迟疑的，摇头的，或是撇嘴的。家中有残障孩子是一个家庭的创伤，但是这些孩子往往被家长加倍呵护，什么也不敢让他们干，生怕本来就有残疾的孩子再受到哪怕一丁点儿伤害。而我则对于他们通过掌握烹饪技能走向社会充满了自信，这自信并非空穴来风，而是我教过太多“特别”的孩子。

“转转”是这群特殊孩子中的一个，因为1岁时发高烧，智力受到了影响。每当下课，他就一个人围着树转圈圈，不让他围着树转，他就围着双杠转。很快，同学就给他起了个外号叫“转转”。在多年的教学实践中，我发现凡是体育好的孩子，学习技能都快，性格也会开朗，所以我要求这孩子的家长，每天至少要陪孩子打半小时乒乓球。家长也很配合，坚持下来了，孩子慢慢就不再绕着树转圈了。我又发现“转转”虽然不爱其他课，但每天都喜欢拿着一本英语书。在几年的学习中，我和他聊得最多的是他学习英语的变化，多鼓励他、多表扬他是我最经常做的。高三时，这孩子给了大家一个很大的惊喜，他通过了雅思考试，到澳大利亚学习酒店管理了。出国前，孩子的父母高兴地邀请全专业老师吃饭，我和同事婉言谢绝了多次，最后实在不忍心拒绝他们了——因为这一刻对这个家庭而言，的确是太幸福了，也来得太不容易了。

2011年9月，我们学校以合作办学方式，与北京市东城区特教学校一起，免费为残障青年们开展职业教育培训。与普通孩子的烹饪教学不同，特殊孩子的烹饪工具包括刀、案、盘以及炊事工具、教学区域都是事先经过精心设计的，很多细节都是为了要适应特殊孩子的生活习惯：将磨刀石换成磨刀轮，这样更安全；炸原料的过程尽量简单，最初只能要求一遍。刚开始，我只是期待这些特殊学生能做20个菜、10道点心和一些小凉菜。可是三年之后，这些孩子给了大家很多惊喜，他们不仅仅可以实现生活自理，还有可能进一步服务社会，有三个特殊学生甚至和其他身心健全的孩子一起，参加了烹饪等级考试。

我喜欢在教学中和孩子们聊聊生活，其实给孩子讲烹饪，与其照本宣科，讲那些枯燥的理论知识，不如将烹饪理论融入实际操作之中。青涩稚嫩的孩子们更愿意听诙谐的故事、幽默的段子，也更乐于感悟烹饪的技巧和生活的道理。我经常对学生说："学东西，要靠双手，学烹饪更是离不开双手，但是，比双手更重要的是脑子。"烹饪教学中，探索、创新是不能少的，渐渐地，我也有了自己的教学风格，也交了不少学生朋友。如今，我不仅仅是讲台上的烹饪老师，还是中小学生上职业体验课程时的良师益友。而讲台，始终寄托着我对生活和教学的执着。

看着特殊孩子摆脱了"家庭负担"的标签，看着他们的专注力和表现力带给家庭和老师们惊喜，我感觉这是对人心灵的洗涤。对于那些健全的学生而言，一旦发现特殊孩子有时比他们做的还优秀，记的知识也比他们牢靠时，会对他们产生很大的触动，从而激发他们沉睡的学习热情，也让他们更珍惜自己。

春夏秋冬，四季流转。一眨眼，我教书也快30年了，"上善若水，水善利万物而不争"。道德经中朴素的道理，也流淌在烹饪教学的三尺讲台上。

何氏私房菜

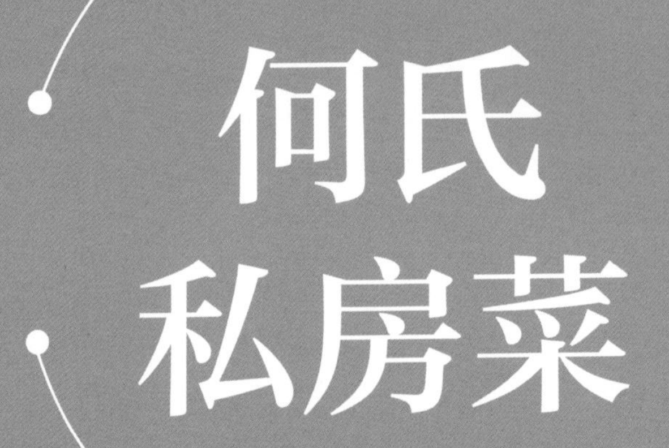

赛香瓜

saixianggua

比香瓜还脆爽甘甜，
这道水果蔬菜凉盘，
制作方法简单又实惠。

主料

• 雪梨1个（约300g）　• 黄瓜1根（约150g）　• 京糕70g

调料

• 盐2g　• 白糖15g

使用工具

• 菜刀　• 砧板　• 盛菜盘

加工处理

1 将黄瓜切成片后切丝，均匀码在盘底。

|私房小妙招|

• 将黄瓜丝尽量切长，码放的时候用黄瓜打底，黄瓜的比例占到二成。黄瓜的清香味道还丰富了赛香瓜的口感。

• 将切好的黄瓜打散，在盘中摆成鸟巢状，中间低四周高。

2 将雪梨洗净，带皮切成细丝，码在黄瓜丝上。

|私房小妙招|

• 梨本身就有润肺止咳的功效，梨皮也具有润肺止咳的功效，还能清肺热、去火、固肠止泻，比梨肉的效果还要好。

• 将梨切丝，切好之后，打散，也是像鸟巢状一样，码放在黄瓜丝的上面。

3 取京糕70g，用刀蘸水直切开成片，再切成丝，码在雪梨上。

|私房小妙招|

• 切京糕时，尽量用水蘸一下刀，这样就不易粘在刀上，切的时候，压刀来切。京糕丝打散之后，码放在梨的上面。

4 撒入盐及白糖。上桌即可。

|私房小妙招|

• 此菜最好现做现吃；切丝码放好，上桌前，先撒白糖，上面和周围均略撒一点。盐要从高处撒。

何氏秘籍

赛香瓜是水果和蔬菜的组合，这是一道爽口清甜、听名字就知道比香瓜还好吃的一道菜。食材很简单，但比例很重要。雪梨、黄瓜、京糕的用量是4:2:1。赛香瓜适合夏季食用，是一道清新的夏季美食。

宫廷秘制丸子

gongtingmizhiwanzi

这是一道
家宴上的美味，
汤汁深透入味，
绝对能赢得
“满堂彩”！

主料

- 猪肉馅500g（瘦肉300g，肥肉200g）
- 樱桃萝卜30g
- 淀粉200g

调料

- 白糖100g
- 料酒15g
- 葱10g
- 米醋100g
- 香油10g
- 姜10g
- 盐5g
- 甜面酱适量
- 胡椒粉适量

使用工具 • 炒锅 • 炒勺 • 砧板 • 漏勺 • 菜刀 • 盛菜盘

制作干炸丸子

1. 调制肉馅：调馅时，肥、瘦肉与淀粉的比例非常重要，肉与淀粉的用量为5∶2。瘦肉与肥肉的用量为3∶2。

2. 将姜切成片，葱切段，泡入水中片刻，即为葱姜水。

3. 腌制入味：将盐、料酒、胡椒粉、甜面酱、葱姜水和淀粉加入肉馅中，搅拌均匀、摔打上劲。

|私房小妙招|

• 调馅时，加入甜面酱这个步骤很重要。因为甜面酱是发酵食品，有助于提升丸子的口感。如果没有甜面酱，可以少放一点酱油（尽量别放老抽）和鲜黄酱。加入葱姜水不但能丰富丸子的味道，还能让丸子的口感更酥脆。

4. 炸制丸子：锅中油烧至五成热时向锅中挤入丸子，炸至金黄色，注意大小均匀，火候要适度。

|私房小妙招|

• 调馅时不能在馅料中放葱。

调味

1. 在盐、白糖和米醋中加入两倍的水熬成秘制料汁。

2. 将丸子冷却后用牙签戳几个眼，下入烧开的汤汁中，使其充分入味。

3. 淋入香油，小火烧制10分钟，基本收尽汤汁。

4. 出锅，装盘，将丸子拉出细丝。

|私房小妙招|

• 出锅方法很重要，关火装盘前，必须反复翻勺，利用空气降温，才能拉出丝。

宫廷秘制丸子

gongtingmizhiwanzi

地三鲜

disanxian

虽然用的都是
普通的食材，
但是能品尝到
三种食材各自的味道，
脆、软、滑、香，
是一款广受欢迎的
家常菜。

主料

- 茄子300g
- 土豆200g
- 柿子椒100g

调料

- 盐3g
- 香油5g
- 米醋10g
- 玉米淀粉35g
- 黄豆酱油20g
- 葱20g
- 料酒10g
- 姜10g
- 白糖10g
- 蒜30g
- 味精5g
- 油500g

使用工具 • 炒锅 • 菜刀 • 盛菜盘
• 炒勺 • 墩子

地三鲜

刀工处理

1 将茄子切成鱼鳃块，加入2g盐拌腌一下，让茄子的表皮出一些水，可以节省用油。茄子的水分析出之后，加入20g玉米淀粉抓匀，用茄子本身的水分挂一层薄薄的淀粉。

|私房小妙招|

• 鱼鳃块（圆茄子）：将圆茄子对切成两半，将其中一半依次下刀切，切的时候不将茄子切开，而是切到茄子厚度的1/2处。然后将茄子旋转90度，进行斜切。第一刀切到茄子厚度的一半，第二刀切断，将整个茄子都按照这个步骤切完，这样就完成了改刀。

• 鱼鳃块（长茄子）：将茄子对切成两半，纵向切两刀，旋转90度斜着切，一刀切断、一刀不切断。将整根茄子都用同样的方法切完。

2 土豆切成滚刀片，土豆尽量选择有麻点的土豆，做出来口感好。

|私房小妙招|

• 滚刀片的切法是将整个土豆一边转一边切。每次转动30度，然后沿着棱角切成薄块。这种滚刀片比土豆片要厚，比土豆块要薄。切好的土豆表面会析出一层淀粉，这层淀粉会减少土豆吸油，形成一层硬壳。切记不要用水泡。

3 将柿子椒切成三角片。

4 将葱、姜、蒜切末。将葱末和姜末泡入水中做成葱姜水待用。

|私房小妙招|

❶ 长茄子相对含水量比较大，圆茄子相对含水量少。做地三鲜选用圆茄子，口感会好一些。

❷ 茄子皮中的花青素含量比较高，制作时建议保留茄子皮。

兑碗汁

先放入料酒、白糖和米醋；再放入黄豆酱油、玉米淀粉和葱姜水各两勺。放入盐、味精。调拌均匀之后，分别再加入同等量的清水，兑至刚才调味汁量的一倍。放入一半的蒜末。再淋上2g香油。

炸制

炒锅内倒入油，四成热时下入主料炸（四成热的油，用葱测试油温的话，将葱末放入油中，锅内的油开始泛出油花即可）。

1 先放入茄子，炸制1分钟，茄子迅速变色，外面形成一层硬壳。大火炸完之后，切成鱼鳃块的茄子易熟且不会吸太多油。

2 将柿子椒放在碗中，将炸制好的茄子放在柿子椒上，用茄子的热气焐热柿子椒。

3 炸制土豆：顺着锅边下入土豆，下入柿子椒炸片刻后捞出控油，将炸好的土豆盛出放在茄子上。将火调小。

炒制

将调好的碗汁直接倒在锅内，大火炒制，将汁水炒至发亮。将炸好的土豆、茄子、柿子椒一起倒入，翻炒均匀，淋香油后，出锅，装盘，撒蒜末即成。芡汁收好之后再装盘，不会留在盘子边上。

春饼卷炒合菜

chunbingjuan chaohecai

我国民间很早就有
在立春时节
“咬春”的习俗。
春饼的最佳搭配
就是炒合菜，
饼皮软糯，
合菜脆生鲜香，
咬一口，“春来到”！

主料

- 面粉500g
- 韭菜100g
- 菠菜200g
- 豆芽200g
- 粉丝200g

调料

- 白胡椒粉3g
- 白糖3g
- 姜10g
- 盐8g
- 味精5g
- 油适量
- 酱油20g
- 香油5g
- 米醋5g
- 葱10g

使用工具

- 炒锅
- 油刷子
- 擀面杖
- 炒勺
- 砧板
- 煎锅
- 和面盆
- 漏勺
- 菜刀
- 盛菜盘

春饼

1 和面：在500g面粉中加入100g开水，边倒入边搅动，面烫好搅拌至没有干粉以后，面盆加盖后放凉，加盖醒制10分钟。放凉以后加冷水170g，一边倒入凉水一边继续搅拌。

|私房小妙招|

- 和面的时候不要着急，要一点一点地加水，让面充分和水融合。不要一次性倒入太多的水。
- 和面的时候，让面自然成团。用握拳关节凸起的地方按揉面粉，让冷水面和热水面更充分地融合。
- 面和好的程度，就是手握拳（力道适中）时，轻按虎口上方的皮肉，与用手指戳面的感觉一致，面的软硬度基本就可以了。
- 春饼和鸭饼不同，春饼又叫荷叶饼，需要用烫面来制作。把面筋烫熟后，面更好塑形，面食的口感也更绵软。烫面又分很多种，一种是全烫面，更适合做烫面蒸饺这一类面点。制作荷叶饼一般用半烫面。还有三七烫面、二八烫面、一九烫面，都是适合用于各类特殊的食品制作。

• 冷水面团相对烫面更筋道，做饺子很少用半烫面或者纯烫面。

2 将面团按揉至软硬适中后，加入10克油，继续按揉面团，再醒制10分钟，使表面光滑。

3 二次揉面，使面更光滑。

4 面案上放一点薄面，将面团搓成长条形。

|私房小妙招|

• 长条形面条的粗细要比擀面杖粗一些，面条的横断面直径约为4厘米。

5 揪成若干个单个重量约为25g的剂子，拍扁后刷油，将2个面剂子合在一块按压，此为一对。

|私房小妙招|

• 一对剂子的上下都要压一压，保证烙饼的时候受力均匀。

6 将面剂子擀成薄饼。

|私房小妙招|

• 擀饼的时候，要双面擀，保证剂子受力均衡。不要撒太多薄面，以免影响饼的口感。

7 干锅烙饼：锅烧至六成热时烙制，两面各烙15秒左右。烙好的饼出锅后在面案上摔一下，让两张饼中间充入空气，撕开就是两张饼。

|私房小妙招|

• 烙好的饼背后有虎皮纹，饼才会有韧性和嚼劲。想要烙出带斑点纹、口感更柔软的荷叶饼，需要锅温更高一些。

炒合菜

食材改刀

1 将粉丝用冷水泡开，剪成15厘米长的段（剪开粉丝的目的是避免炒的过程中粉丝过长缠住青菜）。

2 菠菜、韭菜洗净、切成段后控干水分。

|私房小妙招|

· 菠菜最少要洗三遍。浸泡菠菜可减少其中草酸含量。绿叶菜在炒制之前，尽量不用热水烫，而且要去除水分。

3 豆芽洗净后控干水分。

4 葱、姜切末。在豆芽中倒入米醋，用米醋拌过的豆芽炒制之后清脆爽口，而且出汤很少。

炒制

1 清炒菠菜：热锅下入25g油，放入菠菜快炒，不放盐。用锅的热气把水分烹出去。将清炒后的菠菜盛出。

2 烹炒豆芽：锅中倒入少许油，下入豆芽大火炒30秒，加入盐调味。加一点水让豆芽快速成熟。豆芽在半熟的状态时，把豆芽盛出。

3 炒制合菜：倒入少许油，放入葱末、姜末爆香，下入韭菜、粉丝，倒入酱油、盐、味精、白胡椒粉，放入豆芽、菠菜，迅速翻炒。粉丝不要泡得太透，锅内多余的汤会被粉丝吸收。

出锅

关火，淋入几滴香油，出锅装盘。盘内干爽，没有多余的汤。

|私房小妙招|

· 韭菜最先下锅，是为了韭菜可以完全炒熟，减少辛辣感。将韭菜和粉丝一起下锅，可以让粉丝吸收韭菜的汤汁。

珊瑚白菜

shanhubaicai

珊瑚白菜酸甜适口，
香辣入味。
红白相间的配色，
更是让餐桌变得
色彩纷呈，
也让人食欲大增。

主料

- 娃娃菜3棵
- 干辣椒20g
- 姜50g

调料

- 米醋40g
- 白糖40g
- 白醋5g
- 盐10g
- 味精（选用）适量
- 油40g

珊瑚白菜

刀工处理

1 在干辣椒中加入5g白醋泡制20分钟左右，至辣椒回软。将辣椒捞出，剪成细丝。姜去皮后切成细丝。

|私房小妙招|

• 制作这道菜时姜丝的用量要比干辣椒多一些。要将姜切成粗细均匀的丝。

2 将娃娃菜顺着长边切成八等份，根部相连，加入盐，拌匀后腌制6小时。

|私房小妙招|

• 用盐腌制娃娃菜时根部要多撒一些盐。通过盐的渗透作用，使娃娃菜里的水析出。

• 由于没有切去娃娃菜的根，所以切分后的娃娃菜依然是整条状。

炒制

1 锅烧热后倒入油，下入姜丝用中小火煸炒2分钟，至姜丝缩水回软。

2 下入辣椒丝，继续煸炒至辣椒呈浅咖色。

3 加入米醋、白糖，熬制90秒左右。炒至出现黏性，倒出放凉备用。

|私房小妙招|

• 炒制的时候，先把姜丝炒软，让姜丝释放姜辣素。姜辣素可以促进食欲、增强抵抗力，促进消化液分泌。以姜为主要辅料的家常菜肴非常少，通常都是在使用时切成姜蓉、姜末、姜片。这道菜带有明显的姜味是一个主要特色。烹饪时，先将姜丝炒到脱水的状态，再小火慢炒至姜有点弯曲的状态，再放入辣椒，所以还会带有辣味。

• 炒辣椒的时候，要将辣椒炒至呈棕褐色，将辣椒的水分炒出去。当辣椒缓慢地渗出红油时，改大火，再进行调味。放入白糖之后，改成中小火进行熬制，大约90秒关火。

4 将凉透的碗汁均匀地倒在白菜上，覆保鲜膜后放入冰箱。3小时以后改刀、装盘即可。

|私房小妙招|

❶ 将腌制6小时的白菜进行去水处理，挤干水分。

❷ 将做好、凉透的汁，再次浇在白菜上，进行再次腌制。封上保鲜膜后放入冰箱。封上保鲜膜也可以防止细菌进入，盘在使用之前，也建议先消毒。

何氏秘籍

珊瑚白菜自身的香气较明显，还有姜丝和辣椒丝。看起来原料简单，但是味道丰富。此菜品制成后，可在冰箱中冷藏一周，食用前浇汁即可。

软炸虾仁

ruanzhaxiaren

"软炸"是鲁菜里
非常经典的烹饪方法。
我对这道菜的
做法做了改良：
外焦里软，
内里绵软，外皮脆爽。
适合用来宴请亲朋。

主料

- 虾仁200g
- 面粉100g（淀粉30g）
- 鸡蛋4个
- 油适量

调料

- 花椒盐50g
- 盐2g
- 玉米淀粉50g
- 料酒30g
- 味精6g
- 酵母2g
- 白胡椒粉10g
- 白糖2g

使用工具

- 炒锅
- 炒勺
- 墩子
- 漏勺
- 菜刀
- 盛菜盘

虾仁的清洗及预处理

1 清洗：将虾仁用面粉或淀粉抓揉15秒，利用面粉吸附虾仁里面的杂质，将面粉的粉浆倒出来之后，用清水将虾仁冲洗干净。

2 去除水分：将净虾仁用厨房用纸吸干水分。

|私房小妙招|

- 吸干水分的时候可以用厨房用纸把虾仁卷在中间，既保证虾仁的完整性，也有利于挤出水分。去除水分之后的虾仁，软炸之后口感更干、脆。

调制软炸糊

在碗内打入鸡蛋、加入1勺玉米淀粉、2勺面粉，放入2g酵母，搅拌成牙膏状。拌好后再加入5g油。

|私房小妙招|

• 调制软炸糊时不要加盐。

虾仁上浆

1 将去除水分的虾仁放入碗内，放入盐、白糖、料酒（料酒的量一定要少）、白胡椒粉，反复抓揉至起胶粘手。

2 再加入4g油，继续抓揉。

|私房小妙招|

• 放油可以增加口感的脆度。虾的营养特点是高蛋白、低脂肪，没有油的话，虾仁吃起来口感会发面。

3 再加入软炸糊，半勺即可，使软炸糊充分包裹虾仁。

|私房小妙招|

• 海鲜类的食材有一点回甜的口感，加入盐和白糖，会让虾仁更鲜。这种软炸的方法适用于海鲜类食材，比如鱼、牡蛎、海鲜都可以。但是要考虑海鲜本身的含水量，比如牡蛎水分含量比较多，上软炸糊之前，要先蘸一层干淀粉。

炸制

1 首炸：起锅热油，将腌渍好的虾仁挂上软炸糊后，逐个放入油锅内，用筷子轻轻翻动，炸制大约1分钟呈金黄色捞出。

2 复炸：把油温升高，油面微微地冒烟时将炸好的虾仁再下锅，炸制一下之后，捞出控干。也可以放在厨房用纸上吸一吸油。蘸花椒盐食用。

|私房小妙招|

• 软炸是鲁菜里非常经典的烹饪方法。软炸糊的调制方法从最早的软炸方法到现在已经有了一定的变化，从口感绵软到现在的外焦里软，口感随着现代人的生活方式变得不同了。制作这道软炸虾仁，使用了化学膨松法，通过添加酵母，让软炸糊膨松发酵，同时加入油，增加了口感的脆爽。

芝麻菠菜

zhimabocai

清爽解腻，
有蔬菜的原汁原味。
鲜香可口，
在春天吃，
最是好时候。

主料

- 菠菜500g
- 熟芝麻40g

调料

- 盐4g
- 香油5g
- 白糖8g
- 胡椒粉2g
- 味精3g

食材预处理

1 将菠菜整棵浸入水中，反复搅动，将泥沙洗净（也可在水中加入面粉吸附泥沙）。

|私房小妙招|

• 菠菜根是红的，像嘴唇一样，菠菜叶是绿的，所以又名“红嘴绿鹦哥”。最好不去掉菠菜根，带根一起使用。

2 焯水处理：沸水锅下入菠菜，先烫根部45秒左右，再将菜叶下入，烫制15秒取出。用放入5g白糖的凉水过凉，拔透。

|私房小妙招|

• 焯菠菜时，水开之后需关火。先烫菠菜根部，再浸入菠叶菜，并用铲子慢慢地压菜叶。45秒之后，再开火，将菠菜叶全部浸润在锅内。这样的焯烫方式，没有土腥味，焯烫菠菜叶15秒即可。

3 从冷水中捞出后，用力挤净菠菜的所有水分，放入大碗中。

|私房小妙招|

• 炒烫过的菠菜，颜色碧绿，去除水分之后的土腥味变淡，口感更好。

4 倒入香油拌匀，加入盐、味精、胡椒粉、3g白糖拌匀。加入30g熟芝麻。

|私房小妙招|

• 要充分拌匀。芝麻要多放，将搅拌好的菠菜改刀后装盘。

5 装盘之后，再撒10g熟芝麻。

|私房小妙招|

❶ 熟芝麻的做法：将芝麻用清水洗净晾干。放入锅内，小火慢焙至浅金黄色。取出倒入盘中晾凉。

❷ 改刀的时候，将菠菜的根部去掉。

醋熘木樨

culiumuxi

香气浓郁、酸甜可口、
色香味俱全的
传统美味佳肴，
做法简单。

主料

- 羊腿肉150g
- 鸡蛋3个

调料

- 油25g
- 米醋30g
- 盐3g
- 葱、姜各20g
- 白糖8g
- 酱油8g
- 味精3g（可不放）
- 料酒15g
- 甜面酱3g
- 白胡椒粉3g
- 玉米淀粉25g

切制

1 将羊后腿肉切成长4厘米、宽1.5厘米、厚0.2厘米的大肉片。

2 葱、姜切末，备用。

|私房小妙招|

• 羊外脊肉都是瘦肉，也适合做醋熘木樨，切割时，用左手中指关节处顶住刀身，切割成片。

• 切姜末时，可以采用滑切的方法：刀尖不离案板，用刀的后部连切带压，姜末要切得尽量大一些。

腌制

将切好的羊肉片用甜面酱、1g盐、1g白胡椒粉、5g料酒、20g水、半个蛋清、10g玉米淀粉上浆后备用。

|私房小妙招|

• 甜面酱可以去除羊肉的腥膻异味，还可以给羊肉增嫩。

• 羊肉中拌入盐、白胡椒粉、料酒、水以后，手指抓起时出现黏性、肉质水分饱满以后再放入蛋清和淀粉，而且要先放蛋清并抓匀之后，再放入玉米淀粉。

• 腌制羊肉的时候，建议放适量花椒水，可以去膻味。

滑油

热锅加入10g凉油，油三四成热时下入上浆后的羊肉片，滑散滤油，没有粘连脱浆即可，备用。

炒制

1 在剩余的玉米淀粉中兑入适量水。

2 鸡蛋加入适量水淀粉拌匀。锅烧热后倒入10g油。

|私房小妙招|

• 鸡蛋中加入水淀粉，能让鸡蛋更筋道、更紧实，口感有肉的质感。

3 下入鸡蛋，炒熟之后，用铲子切成稍大的块，待颜色呈金黄色，盛出备用。

4 锅中倒入5g底油，加入葱、姜末小火炒香，烹入酱油和米醋，略炒，加入150g开水、2g盐、味精、10g料酒、白糖、2g白胡椒粉中火烧制1分钟。

5 加入羊肉和鸡蛋。

|私房小妙招|

• 这个过程可让肉和鸡蛋吸收一些汤汁。

6 烹入10g米醋，再用适量水淀粉勾芡，点少许油即可。

|私房小妙招|

❶ 收汁时，汤汁要包裹住鸡蛋和羊肉，略微可以看出汤汁来。汁液要饱满，吃肉和鸡蛋的时候，满嘴有汁液感，但是盘中不能留汁。

❷ 醋熘木樨是因鸡蛋经过炒制之后，出现的形状特别碎，以形命名的菜肴。关于“木樨”二字的由来，可见清人梁恭辰在《北东园笔录·三编》中的记载：“北方店中以鸡子炒肉，名木樨肉，盖取其有碎黄色也”。意思是菜肴里炒散的鸡蛋，形、色就像盛开的桂花一样美。樨，意为桂花，用肉片、鸡蛋、木耳同炒，炒出来的鸡蛋色黄且碎好似桂花一般，因桂花又叫“木樨”，因此这道菜被命名为“醋熘木樨”。

东北锅包肉

dongbeiguobaorou

东北锅包肉是
一道非遗美食。
外酥里嫩，酸甜可口。
这道菜做完当时吃
是酥脆的，
放置一段时间
凉了以后再吃，
肉还是酥脆的。

主料

- 通脊肉250g
- 香菜25g
- 胡萝卜25g
- 葱白25g

配料

- 盐5g
- 白醋35g
- 泡打粉5g
- 白糖50g
- 胡椒粉3g
- 葱、姜、蒜各适量
- 料酒25g
- 面粉10g
- 食用油适量
- 酱油3g
- 红薯淀粉100g

使用工具

- 炒锅
- 漏勺
- 菜板
- 炒勺
- 菜刀
- 出菜盘

食材预处理

1 将通脊肉切成厚0.3厘米、长6厘米、宽4厘米的大片，备用。

|私房小妙招|

• 猪通脊肉切成片，用水洗净。

2 将胡萝卜、葱白、姜切丝，香菜择洗干净后切段，大蒜切片，备用。

3 将切好的肉片用2g盐、2g白糖、3g胡椒粉、15g料酒腌制底味，备用。

|私房小妙招|

• 切好的肉片上浆时，要将肉片的水挤净。放入盐之后，先将肉片抓揉至黏手后再放入料酒，加入适量水，让肉片充

分入味。

• 注意水不要流到碗底，要被肉片吸收。再放入胡椒粉和5g白糖。

• 白糖的作用是在腌制的时候和味、增鲜，而且能使浆变得更黏。

4 抓匀之后放10g红薯淀粉，挂薄薄一层浆，黏手之后，醒一下备用。

调制淀粉糊

将面粉、90g红薯淀粉、泡打粉按比例加入碗中，加适量清水调制成可以拉出粗线状后加10g食用油调匀备用。

| 私房小妙招 |

❶ 锅包肉的传统做法是用红薯淀粉调制淀粉糊，口感酥脆鲜香。形成酥糊的口感靠的是自然发酵。因为红薯淀粉黏度比较大，需要事先浸泡，浸泡24小时以上，泡透之后，再将上面的水倒掉，只保留粉浆。改良后的做法是减少红薯淀粉泡制的时间。

❷ 选择红薯淀粉的时候，尽量选择质地比较细腻、颗粒小的红薯淀粉。

❸ 调制淀粉糊时，可加入35℃左右的水，将红薯淀粉搅拌开。搅拌的效果是可以用筷子拉出线来。放置在一边发酵，发酵过程中会使少量水分流失（选用泡打粉时，尽量选用小包装，以免使用后，密封性不佳，容易失去作用）。

❹ 调制好的淀粉糊，上面有一些小泡，看到小泡之后，再淋入10g左右的油即可。使用之前在调油。

调制碗汁

将白糖、10g料酒、酱油、白醋、胡椒粉、3g盐和50g左右清水调制均匀，放入姜丝、蒜片，备用。

| 私房小妙招 |

• 清水与白醋的用量为1∶1。

炸制

锅中倒入适量油，烧至五六成热时，将腌好的肉片裹糊，逐片下锅炸制，表面呈浅金黄色，定形捞出，复炸后备用。

|私房小妙招|

❶ 锅包肉的烹饪技法属于炸烹，炸烹的特点是炸完的食材干爽无汁，咸鲜香醇，脆嫩可口。

❷ 裹糊时，肉片两边都蘸完淀粉糊后，再次快速蘸一遍淀粉糊，就下锅炸制。下锅以后，糊是膨松的。尽量一片一片地下入，250g肉片可以分几次炸制。

❸ 将油内的杂质捞出，油温升高后，再将初炸的肉片放入锅内复炸，炸至金黄色。

调味

1 锅中加少许底油，下入碗汁，大火烧开，炒至起黏性。

2 下入炸好的肉片，快速翻炒。

3 撒入葱丝、胡萝卜丝、香菜段，翻炒均匀出锅装盘。

|私房小妙招|

❶ 趁热回锅，放入少许底油，将姜丝、蒜片放入碗汁里搅匀，下锅，再放入胡萝卜丝，当碗汁开始在锅内变黏稠时，下入炸好的肉片翻炒，将碗汁裹在肉片上。关火，放入香菜、葱丝，即可装盘。

❷ 锅包肉是一道非遗饮食。不过锅包肉有两种做法，一种是哈尔滨的烹汁锅包肉，另一种是沈阳的熘汁锅包肉。哈尔滨的烹汁锅包肉口味甜酸，这道菜做完当时吃是酥脆的，放置一段时间凉了以后再吃，肉还是酥脆的。我曾经因为参加央视的节目到访过哈尔滨“老厨家”餐厅，锅包肉在店内也是桌桌必点的一道菜。在与“老厨家·滨江官膳”第四代传承人郑树国说的访谈中，也了解了几代传承人对于地域文化的坚持与创新。

何氏香辣蟹

heshi xianglaxie

红彤彤，香辣辣，
好吃到舔手指，
鲜美入味，
好吃不难做。

主料

- 河蟹5只
- 莴笋100g
- 香菜20g
- 水发香菇50g

调料

- 油750g（实耗15g）
- 甜面酱10g
- 玉米淀粉30g
- 菜籽油50g
- 豆瓣辣酱20g
- 干辣椒10g
- 料酒20g
- 五香花生30g
- 灯笼椒10g
- 酱油5g
- 番茄酱15g
- 花椒20粒
- 米醋10g
- 味精3g（可不放）
- 小米辣2个（选用）
- 白糖15g
- 盐1g
- 白胡椒粉1g
- 葱、姜、蒜各30g

香料

- 草果1个
- 砂仁5个
- 白芷2片
- 草豆寇3个
- 甘草2片

刀工处理

将河蟹刷洗干净、去盖、去鳃、去心、去爪尖，一分为二。将水发香菇切成片、莴笋切条、香菜切段。将葱切段、蒜切片、姜切片，轻拍出味，备用。将五香花生擀成花生碎。

|私房小妙招|

• 好的河蟹“青贝、白肚、金爪、金毛”。刷蟹的时候，要用拇指和食指拿住两个蟹钳，用掌心握住蟹壳边，然后再用刷子清洗河蟹。河蟹的腹部和爪比较容易藏淤泥，一定要刷洗干净。

• 如果选的是捆绑好的河蟹，可以在盆里放一点盐，直接用刷子进行清洗。

• 刷洗之后还要将蟹进行二次清洗，在清洗的水中放入一点盐或者白醋，杀菌消毒。

清理

制作香辣蟹的河蟹清理：

1 将清洗后的河蟹在腹部切一刀，拆去捆绑的蟹绳。

2 将蟹壳去掉，蟹壳取下之后需要处理一下：将蟹壳内的蟹牙、蟹心、蟹胃拽出（白色六角形的为蟹心，寒性非常大；蟹牙在蟹胃之内）。

3 处理好蟹牙、蟹胃、蟹心之后倒出蟹壳内的脏水，蟹壳内保留的只有蟹黄。

4 掰开的蟹身内，将蟹鳃去掉，蟹脚前端的尖锐部分，用剪刀减去。

5 处理好的螃蟹，除了蟹壳部分，装盘控干水。将蟹黄部分蘸一下玉米淀粉，将蟹黄封口。

|私房小妙招|

河蟹还可以做成清蒸螃蟹：

• 绑好的河蟹：刷洗后用盐水再浸泡一下，捆好了放入烧开的锅中，水里再放一点姜片、白醋，直接蒸制。

• 未绑的螃蟹：在蒸锅里放屉布，将刷洗后的河蟹温水下锅，40°左右下锅蒸制，盖盖之后慢慢升温蒸。

炸制

将蟹露出肉和黄的部位再次蘸干淀粉，待反浆之后下入五六成热的油锅中炸，定形、上色后捞出备用。

1 油热之后，先炸制水发香菇（炸之前控干水分），香菇炸制之后再使用，香气更浓。捞出备用。

2 炸制蟹壳，将蟹壳中的水倒干净之后，炸至蟹壳上色（蟹黄和蟹壳连在一起）。

3 蟹肉下锅炸制，炸好之后沥油备用。

香料油制作

准备菜籽油50g，将香料用温水泡制1小时、泡透了之后控干水分，将香辛料中的硬壳香料开口，放入菜籽油中，用中小火慢慢煸炒10分钟，出香味即可，备用。

|私房小妙招|

❶ 香料油以“香”为主，以辣为辅。用到的香料有草果、砂仁、草豆蔻、白芷、甘草等，不要用到太多香料，香料的香气不要遮盖河蟹的味道。

❷ 菜籽油要凉油下锅，制作香辣蟹时用到的香辛料基本上都是脂溶性的，用油慢慢熬制才能散发香气。

香辣酱制作

香料油下入锅中，将干辣椒与灯笼椒、花椒、葱段、姜片、蒜片下入其中，小火煸炒，辣椒煸炒至颜色变深、有香气之后，下入豆瓣辣酱、甜面酱、番茄酱，加入米醋和料酒炒去生酱味之后下入酱油与其余调料。

|私房小妙招|

• 灯笼椒香气十足，辣味也不浓烈。制作香辣蟹时，灯笼椒是必不可少的。

|私房小妙招|

❶ 放入香料油，四成油温时先下入干辣椒与花椒，放少许米醋可降低辣度。

❷ 放入蒜片、葱段、姜片，略微炒出香味之后，将豆瓣辣酱、甜面酱、番茄酱放入锅中。

❸ 小火慢炒，待香味出来之后，再加入料酒、酱油、白糖、盐、白胡椒粉，继续炒制。

烧制

加入开水500g，下入炸好的螃蟹，小火烧制5分钟，下入水发香菇和莴笋条，中火烧制，汤汁快收尽时，出锅装盘，撒上花生碎和香菜即成（也可撒点小米辣）。

|私房小妙招|

❶ 在炒制香辣酱时，将所有的调味料放入之后，香味炒出后即可加入500g开水。

❷ 香辣蟹整体的口味以香为主、以微麻为辅。

❸ 熬制至锅底还有一点汁的时候，放入花生碎。

❹ 关火后，放入一点香菜，装盘。摆盘的时候，将螃蟹壳摆在蟹肉的外面，整壳朝外，灯笼椒放在盘子的边上做点缀。

烙饼卷带鱼

laobing juandaiyu

这是一道地道老北京人都爱吃的美食，用薄而柔软的烙饼卷上咸鲜的带鱼，口感丰富、味道好。如同卤煮、炸酱面一样，都属于比较有特色的北京美食。

主料

- 带鱼500g
- 白菜帮4片
- 咸菜疙瘩150g

调料

- 米醋150g
- 料酒15g
- 味精5g
- 姜片10g
- 胡椒粉适量
- 黄豆酱油30g
- 白糖8g
- 葱段10g
- 盐适量
- 面粉50g

使用工具

- 炒锅
- 漏勺
- 炒勺
- 菜刀
- 墩子
- 盛菜盘

制作带鱼

1. 清理带鱼：将带鱼清理干净，打花刀切成8厘米长的段。
2. 腌制：撒上适量盐及胡椒粉，倒入料酒，加入葱段及姜片，揉搓后腌制入味。在带鱼表面拍上面粉。
3. 炸制带鱼：五成油温将带鱼炸至金黄。
4. 烧制带鱼：锅中倒入适量油，放入炸带鱼、葱段、姜片煸炒出香味，加入米醋、味精、白糖、黄豆酱油、水，大火烧开后转小火烧7～8分钟，收汁。
5. 关火，出锅装盘。

主料

• 中筋面粉500g　• 清水310g

调料

• 盐3g　• 油15g

使用工具

• 煎锅　• 擀面杖　• 案板　• 和面盆
• 油刷　• 盛菜盘　• 烙饼铲

制作烙饼

1 和面：将中筋面粉和水和成面团，加盖醒制10分钟。

2 将面团二次揉制，使表面光滑，再醒制10分钟。

3 第三次揉制面团，再醒10分钟，完成“三揉、三醒”。

4 案板上撒适量干面粉，把醒好的面团放置在案板上，把面团擀成薄面皮。

5 在面皮上刷适量食用油，撒上盐。

6 将面皮卷起，切成若干个小段，再把面段两端叠起后收口，并擀成圆形。

7 锅中倒入适量油，放入饼坯烙熟后盛出，切块后装盘。

熘肉段

liurouduan

熘肉段是东北地区的
传统名菜，
芡汁饱满，外酥里嫩，
味香可口。
这道菜的做法，
在传统做法的基础上
略有改良。

主料

- 通脊肉200g
- 青椒50g
- 红椒50g
- 鸡蛋1个

调料

- 葱、姜、蒜各适量
- 味精3g（选用）
- 酱油10g
- 玉米淀粉适量
- 盐5g
- 料酒15g
- 米醋10g
- 油适量
- 白糖15g
- 香油10g
- 胡椒粉3g

使用工具 • 炒锅 • 漏勺 • 菜板
• 炒勺 • 菜刀 • 出菜盘

切制

将通脊肉切成1厘米厚的大片，双面切“十”字刀后，改刀成4厘米×1厘米的肉段。将青椒、红椒切成与肉段大小相近的条。将葱、姜、蒜切成末备用。

|私房小妙招|

❶ 将青、红椒切成条，青、红椒要选择肉厚一些的，青椒的用量比红椒要多一些，配菜时我们要遵循一个原则：颜色深的食材用量要少一点。

❷ “十”字刀的切法是：右手持刀、左手按肉片，在肉片的表面斜切一刀，切到1/4深即可。然后在切好的刀纹上再横切一刀，呈“十”字交叉状。“十”字花刀便于肉入味。

腌制

在肉段中加入盐、味精、料酒、胡椒粉、鸡蛋、玉米淀粉上浆入底味。

|私房小妙招|

❶ 在改刀后的肉段里加入少许盐、味精、胡椒粉，抓匀之后放入4g料酒，抓拌至出现黏性。

❷ 打入半个鸡蛋，抓匀之后放入玉米淀粉，上一层薄浆。

调糊

水粉糊：用玉米淀粉加水调制，加入少许油调和均匀（淀粉和水的用量为3:1）。

|私房小妙招|

❶ 调糊的状态：将水淀粉调成浓稠的流体，抓起后可揉成团。

❷ 放入10g油。

炸制

将腌制好的肉段，裹水粉糊，下入五六成热的油锅中炸制定形、捞出后复炸至呈金黄色，捞出控油。

|私房小妙招|

❶ 五六成热油温的状态可用如下的方法测试：将葱段放入锅内，锅内迅速起油花即为五六成热。

❷ 将糊直接倒入腌制的肉段中，肉段和糊的用量是4∶1。

❸ 肉尽量一条一条下入油锅内。炸至稍微定形之后，先捞出。油温升高以后，再重复炸制，炸至颜色金黄、外酥里内时捞出。捞出时，用漏勺的油淋一下青、红椒段。

碗芡

提前准备碗芡，碗中加入盐、白糖、料酒、酱油、米醋、胡椒粉、水，加入少许玉米淀粉，调匀后备用。

|私房小妙招|

• 水的用量为调味料的2倍。

炒制

锅中留少许底油，下入葱末、姜末、蒜末，煸炒出香味，下入碗芡，炒至汤汁黏稠，趁热下入主料及配料，快速翻炒均匀，淋香油出锅装盘即可。

|私房小妙招|

❶ 将炸肉段的油内杂质去除之后，作为底油少许，放入锅内。下入碗芡，加少许水，变黏稠之后，将青、红椒和炸制的肉段放入锅内。

❷ 出锅装盘前，放入少许香油。东北菜油大偏香，熘肉段讲究汁水饱满，外酥里嫩。青、红椒的用量不要过多，肉段的颜色不要过深，葱、姜的用量不能太少，咸鲜口为主，可根据个人喜好用白糖和醋调味。

清蒸鲈鱼

qingzhengluyu

清蒸鲈鱼属于粤菜，
是广东省特色
传统名菜之一。
看似做法简单，
但要做得色、香、味
俱全且吃不出鱼腥味，
还是有些讲究。

主料

- 河鲈鱼1条（约700g）
- 红椒1个
- 青椒1个
- 香菜50g

调料

- 蒸鱼豉油30g
- 生抽20g
- 盐5g
- 清水40g
- 料酒15g
- 葱50g
- 白胡椒粉3g
- 白糖15g
- 姜30g
- 白醋15g
- 味精5g

使用工具

• 炒锅 • 菜刀 • 蒸锅 • 炒勺 • 墩子

鱼的去腥方法

1 去内脏：将河鲈鱼刮鳞、去鳃、去内脏、去黑膜、去头盖皮、去除咽骨（鳞、鳃、内脏是鱼腥气的来源）。

2 用水清洗已经处理好的鱼，用80℃的温水烫一下鱼皮。

|私房小妙招|

• 烫鱼皮的水不要反复用（使用过的水非常腥）。

• 南方刚宰杀的鱼可以直接清蒸，北方的鱼如果不是很新鲜，要在鱼宰杀片刻之后，鱼身开始变柔软了，再蒸制。

3 用刀在鱼的表面刮除黏液（这些黏液也非常腥）。

|私房小妙招|

• 鲈鱼分两种，一种是河鲈鱼，一种是海鲈鱼。制作清蒸鲈鱼时一般选用河鲈鱼，海鲈鱼比较宽大，颜色比较深，腥味太重，不适合用清蒸的方法烹饪。河鲈鱼腥气味相对比较小，所以一般河鲈鱼使用清蒸的做法。

刀工处理

将鱼背鳍两侧各划一道深1.2厘米、长12厘米的斜口，使鱼肉的厚度相对一致。刀口在鱼肚正中间最好。

|私房小妙招|

• 鱼可以分开蒸制，也可以整条蒸制。

腌制鲈鱼

1 将葱切段、姜切片。

2 将鲈鱼用料酒、葱段、姜片、盐腌制10分钟。

3 将葱段、姜片塞到鱼肉的开口处。

4 葱白和葱芯分开用，葱白切丝，葱芯放在鱼的底部。

摆盘

1 将姜片也垫在鱼的底部。鱼的上面放适量葱白丝。

2 蒸前浇上两小勺食用油，食用油可以让鱼的肉质更脆。

3 蒸锅内加入清水和白醋（放白醋也是为了去腥），大火足气蒸8~10分钟。

4 鱼尾处也抹上一些食用油，避免粘锅。出锅后换盘盛装。

|私房小妙招|

• 将葱、姜垫在鱼的底部，可以给鱼的底部留一个空气流通的空间，让鱼的底部受热均匀。

调配浇汁

1 将青、红椒切成细丝，香菜切段，葱白切成斜丝（斜丝的口感较脆，又不容易塞牙），冷水泡至卷曲。

2 碗中倒入蒸鱼豉油30g，根据鱼的大小可以适当调整使用量。

3 放入生抽、白糖、盐、白胡椒粉，放入与这4种调味料等量的水（凉水、温水都可以）。也可以根据个人口味少放一点味精。

装盘

1 将蒸鱼时的葱丝和姜片都去掉，将切好的葱丝码在鱼上头，然后再码上姜丝，葱丝要放在姜丝下。

2 淋油：将油烧至七成热后，浇在鱼身上的姜丝和葱丝上，姜丝不容易出味，所以先将油浇到姜丝上。

3 浇汁：将碗汁放入刚才烧油的空锅内，借着锅的热度，把浇汁也烫一下。烧开后浇入盘边，不要浇在鱼身上。

4 将青红椒丝摆在鱼头处，寓意鸿运当头。把香菜放在鱼尾处。

水拖
鸡胸肉

shuituo jixiongrou

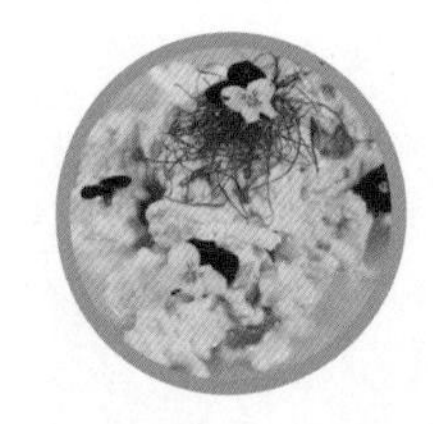

这是健身期间
可以用来增肌的
一道美食。
肉质鲜嫩、爽滑，
有豆腐的口感，
开胃下饭。

主料

- 鸡胸肉150g
- 荷兰豆50g
- 鸡蛋5个
- 枸杞30g

调料

- 姜20g
- 胡椒粉3g
- 盐4g
- 香葱10g
- 玉米淀粉25g
- 味精3g（选用）
- 料酒15g

切制

将鸡胸肉去筋后切成长4厘米、宽1.5厘米、厚0.2厘米的片，香葱、姜切末加一倍水调成较浓的葱姜水，荷兰豆切菱形片，枸杞用冷水浸泡，备用。

|私房小妙招|

- 水烹菜一定要把食材处理得干净利落，鸡胸肉的筋膜要去掉。筋膜去掉之后，肉质会更嫩。
- 切鸡胸肉的时候，尽量顺着鸡胸肉的纹理来切，将鸡胸肉用刀片成片。
- 切好的鸡肉片再用刀拍一下，可增加鸡肉的韧性。

炒制

1 将切好的鸡肉片用2g盐、1g胡椒粉、5g料酒、20g水、1/3个蛋清、15g玉米淀粉上浆，备用。

|私房小妙招|

❶ 上浆的时候，要加3次盐、3次水。将2g盐分3次加入，先放入0.5g的盐，再加入7g水，用手抓拌。起了黏性之后，再放入0.5g盐，然后再放入7g葱姜水。接着，再放入1g盐，放入7g水。打好水的鸡肉非常饱满，外观晶莹剔透，触摸起来有流动感，很嫩滑。

❷ 将鸡蛋单独打入一个容器内（防止鸡蛋变质影响其他处理好的食材），将1/3个蛋清放入鸡胸肉中，抓匀。之后放入胡椒粉或者料酒，去腥。再次捣匀之后，放入15g玉米淀粉，抓匀之后，看上去就好像鸡胸肉外面挂了一层酸奶。

炒制

2 步骤1剩余的鸡蛋加入5g水淀粉打散。向碗里再打入4个鸡蛋。将搅拌开的芡汁（5g玉米淀粉，配上一点葱姜水）倒入蛋液中。打散蛋液后备用。

滑水

热锅加入1000g清水，开锅将上浆后的鸡片逐片下入锅内，保持大火且水温保持在95℃以上，滑散后滤水，没有粘连、脱浆即可，将荷兰豆焯水，备用。

|私房小妙招|

❶ 锅中下1000g清水和葱末及姜末，在烫鸡片之前，将葱、姜末捞出。水烧开之后，稍稍调整火力，调整到95～100℃，水微微沸腾即可。

❷ 开锅放入鸡片，鸡片要展开之后，平着推入水中。放入鸡片之后，保持水不开锅的状态，注意鸡片入水的方式，可以让鸡片不拖浆。

❸ 捞出的鸡片蘸少许玉米淀粉；在焯水后的荷兰豆上边放入少许干玉米淀粉。

炒制

1 将鸡片倒入搅拌好的蛋液中，同时锅内烧水准备水烹。水开锅后，再将荷兰豆倒入蛋液中。

2 葱姜水的量要达到蛋液的2/3，将葱姜水倒入锅内。放入料酒、味精、2g盐、2g胡椒粉。将调制好的蛋液混合食材，倒入锅内。等待10秒之后，轻轻翻动，大火烹煮。

3 将蛋液逐步翻炒成块状，成熟之后，改成中火，下入枸杞，将火稍稍调小，待熬出鲜美的清汤，关火装碗即成。

|私房小妙招|

• 水烹，是指用水当油使动物性原料成熟的方式。水烹后的食材很滑嫩。

水煮牛肉

shuizhuniurou

水煮牛肉俗称
“汗火锅”，
可谓冬吃一身汗，
夏吃一身水。
其麻辣爽口，
肉质鲜嫩，
具有浓厚的川菜风味。

主料

- 牛外脊肉 400g
- 黄瓜400g

配料

- 郫县豆瓣酱15g
- 泡椒15g
- 四川二荊条辣椒面20g
- 酱油15g
- 料酒10g
- 味精5g（选用）
- 盐5g
- 白糖10g
- 葱25g
- 姜10g
- 蒜10g
- 小苏打2g
- 鸡蛋1个
- 胡辣子适量
- 麻椒适量
- 玉米淀粉30g
- 胡椒粉适量

胡辣子用料

- 干辣椒50g
- 大料10个
- 香油10g

使用工具

- 炒锅
- 菜板
- 出菜盘
- 炒勺
- 菜刀

刀工处理与腌制

1 牛外脊肉切柳叶片后加入小苏打、料酒、盐、酱油、鸡蛋、玉米淀粉和水，顺时针匀速搅拌5分钟，腌制入味后，放入冰箱冷藏2小时。

|私房小妙招|

❶ 牛肉提前用水浸泡至略微发白，血水去除之后，肉就没有腥味了。牛肉上浆后的口感类似豆腐，既没有杂味，口感还鲜嫩。

❷ 切牛肉片的时候，刀与牛肉的肌理成90度角，按与牛肉的纹理垂直的方向切。如果斜切的话，角度不能超过30度。

❸ 配浆时，在半个鸡蛋中，放入2g小苏打或者木瓜粉、老姜汁，也可以加入一点醋，可起到增嫩的作用。

❹ 肉和浆汁的比例是500g的牛肉配20g的浆汁。

❺ 将肉放置在浆水里，不停地搅动。倒入浆汁之后，手指要不断抓拌，搅动至浆汁被牛肉吸收。放入冰箱前，倒入薄薄的一层油，用油把牛肉的水分锁住，牛肉在小苏打的作用下也会更嫩滑。

2 黄瓜切成朝拜片，备用。

|私房小妙招|

• 朝拜片的形状类似古代大臣上朝时所用的笏板。具体的切法是将黄瓜掐头、去尾后切成两段。每段长12～14厘米。沿着黄瓜段长的一边切，尽量切得薄一些。

3 郫县豆瓣酱中加入泡椒，混合后剁碎，备用。

|私房小妙招|

• 辣椒和豆瓣辣酱的用量比为1∶1，混合在一起后再剁，会比较细腻。

4 葱、姜、蒜切成末备用。

胡辣子制作

将干辣椒、大料（掰开）用香油小火慢炒至酥脆，冷却后制成末即可。

|私房小妙招|

❶ 干辣椒剪成段之后，放入少许米醋再使用。炒制胡辣子的时候，用香油先炒制大料，用中小火炒制出香味，大料变色之后，放入辣椒段。

❷ 小火慢炒，炒至呈深紫红色，似煳非煳，盛出冷却以后，再加工。

❸ 冷却后将胡辣子切碎，可以用刀背将干辣椒和大料压碎。或者用小碗，来回碾压将胡辣子磨碎。

麻椒面

将麻椒放入锅中干焙（不加油），小火干焙三四分钟。盛出放凉。用擀面杖或者研磨机打碎。

炒制

1 用油煸炒郫县豆瓣酱，出香味后再加入葱末、姜末、蒜末、酱油、料酒、胡椒粉、味精、盐、白糖等辅料，煮制五分钟至香气四溢。

|私房小妙招|

• 炒郫县豆瓣酱时要小火慢炒，炒香之后，少加一点油，放入葱末、姜末，爆香以后放入酱油，加入开水。放入白糖，使整道菜的口味回甜且鲜。再依次放入料酒、胡椒粉，开大火煮2分钟汤汁。

2 加入黄瓜片，略烫后取出，放在容器中垫底。起锅后下入腌好的牛肉煮至七成熟，勾薄芡后盛入盛器中。

|私房小妙招|

❶ 黄瓜下入锅中之后煮20秒，黄瓜一变透明，就可以把黄瓜片捞出了。捞出之后放在厚盆内。武汉有一种吃法，就是把毛豆剪去两头之后，就像传统做法里黄瓜的做法一样，也用水煮牛肉的汤汁煮一下，之后盛出垫底牛肉，味道也非常好。

❷ 起锅放入腌制好的肉片，打散肉片，开锅后略煮片刻即熟。

❸ 将煮好的肉，盛出放入厚盆内。

3 依次放入胡辣子、蒜末、四川二荆条辣椒面、葱花，分三到四次淋入七成热的油，炸出香味，撒入麻椒面即成。吃之前，再撒上一点葱花。

| 私房小妙招 |

• 水煮牛肉又叫“汗火锅”，俗称“冬吃一身汗，夏吃一身水”。麻、辣、烫、香是水煮牛肉的特点。

新疆大盘鸡

xinjiang dapanji

20世纪80年代
起源于新疆公路边
饭馆的江湖菜，
色彩鲜艳、爽滑鲜香，
诱人食欲、回味悠长。

主料

- 仔鸡块700g
- 青、红椒各100g
- 高筋面粉500g
- 土豆200g
- 洋葱150g
- 清水225g

调料

- 盐3g
- 郫县豆瓣酱30g
- 丁香5粒
- 米醋5g
- 泡辣椒15g
- 桂皮15g
- 黄豆酱油20g
- 白胡椒粉5g
- 罗汉果1个
- 料酒30g
- 花椒10g
- 干辣椒30g
- 白糖20g
- 大料10g
- 葱段20g
- 鸡精5g（选用）
- 肉蔻10g
- 姜片10g
- 香叶5g
- 麻椒10g

使用工具

- 炒锅
- 菜刀
- 盛菜盘
- 炒勺
- 墩子

刀工处理

1 仔鸡块规格：切成2.5厘米左右见方的块状，加入盐、部分白胡椒粉、料酒、葱段、姜片，抓拌后腌制备用。

|私房小妙招|

• 在腌制之前，剁好的鸡块要提前用水泡出血水，这样鸡肉块的颜色会呈白色。腌制前，姜切片、葱切段备用。

2 将土豆切成滚刀块，将其他配菜切成片，易熟制。

麻辣油制作

1 干辣椒剪成1厘米左右的段，用米醋拌匀，让辣椒变得湿润。

|私房小妙招|

• 干辣椒拌上米醋之后，会产生一种辣而不燥的口感。辣椒品种的选择也很重要，四川的二荆条辣椒加点米醋，可以辣而不燥，但是如果用陕西的秦椒，不用放醋也不会燥辣，它是香辣的。

2 凉油下锅，低温炸制花椒，5 分钟之后放入步骤 1 的米醋泡辣椒至出香味，炸至微微变色，将辣椒的水分煸出，盛出备用。

香料油处理

1 将大料、肉蔻、香叶、桂皮、丁香、葱段、姜片等先用少许水泡制10分钟，将水分吸干，再用食用油浸泡 2 小时。

2 将步骤 1 的食材下锅，小火炸制10分钟左右，放入麻椒。

3 小火熬制20分钟，低温炸至出香味，盛出。待温度降至80℃时，放入切开的罗汉果，用油拌开。

4 将香料油中的香料捞出，香料油留用。

和面

1 在高筋面粉中加入盐、适量清水和成面团，揉匀。

|私房小妙招|

• 为让面上劲、面条口感更筋道，要将面团在面板上摔一摔，再稍微醒一下。

2 将面团分成若干个宽面条剂子，刷食用油，封保鲜膜饧制备用。

大盘鸡流程

1 锅中加少许底油，炒部分白糖至呈浅棕红色、在锅中冒大泡之后，加水，调至小火熬制，制成糖色。盛出备用。

2 用香料油低温炒郫县豆瓣酱和泡辣椒，小火慢炒。加入麻辣油，炒出红油。

|私房小妙招|

- 郫县豆瓣酱和泡辣椒的用量为1∶1，炒出来的酱料颜色更红润。制作泡辣椒的原料是四川红辣椒。

3 加入仔鸡块、葱段、姜片煸炒2分钟，用大火炒透。

4 倒入料酒，煸炒5分钟，把鸡的皮下油脂煸炒出来。

5 加入黄豆酱油、白糖、开水、糖色，开锅后放入适量炸香料油时用的香料，让锅内的鸡块继续吸收香味。

6 再放入少许白胡椒粉去除肉的腥膻，先炖5分钟。

7 放入土豆后再炖7分钟。

8 将饧好的面扯成条，切成20厘米左右长的宽面，下锅，加盖煮2分钟。

|私房小妙招|

- 大盘鸡中放入的扯面，也适用于做油泼面。

9 加入洋葱片和青、红椒片，焖制3分钟，大火收汁，关火装盘。

10 装盘时先捞面打底，后捞出鸡块、配菜，浇上汤汁、麻辣油即可。

何氏秘籍

中餐讲究活学活用，中国地域辽阔，根据地区的不同，调料的种类和同样的食材口味略有不同，具体用量可酌情调整。

扁豆焖面

biandoumenmian

不蒸、不煮、直接焖，面条不但有弹性，还味道鲜香、口感顺滑。

主料

• 里脊肉100g • 扁豆500g • 中细切面400g

调料

• 盐3g	• 料酒30g	• 白胡椒粉5g	• 葱丝适量
• 米醋5g	• 白糖20g	• 鸡精5g	• 姜丝适量
• 黄豆酱油20g	• 香油5g	• 干淀粉适量	• 蒜末适量

使用工具 • 炒锅 • 漏勺 • 菜刀
• 炒勺 • 菜板 • 出菜盘

刀工处理

1 将里脊肉切成6～8厘米长的肉丝。

|私房小妙招|

• 扁豆焖面的肉有两种吃法，一种是吃肉的干香，这种肉直接炒制就可以了；另一种是吃肉的嫩滑，可以上薄浆来处理，增加肉的滑嫩口感。

2 将扁豆清洗干净，掰成8厘米长的段。

|私房小妙招|

• 不建议选用东北的扁豆，太大、太粗，成熟得太快；也不建议使用蛇豆，不容易入味，虽然细但是香气不浓。建议选择四季豆，清洗后用手掰断即可。

3 将中细切面揪成长20厘米左右的段。

肉丝上浆

在肉丝中加入盐、白糖、料酒、白胡椒粉，先抓黏，再放少量干淀粉，再放入一点水，让淀粉变得湿润，肉变得有黏性后，备用。

|私房小妙招|

• 可以放3g黄豆酱油，给肉上一些底色。

煸炒

1 锅开火，加少许底油，下入肉丝，煸炒至松散。

2 放入葱、姜丝，下入扁豆，翻炒均匀。翻勺的时候，锅柄与身体之间形成35～40度夹角，这个角度会让翻勺更省力。

3 在扁豆出现虎皮斑纹之后，加入盐。

| 私房小妙招 |

• 炒扁豆要尽量炒熟，加入适量蒜末，杀菌消毒，减少扁豆碱中毒的情况。炒肉丝时，保证锅铲和油都是凉的，这样肉丝就不会粘在锅铲上。

4 改中火，加盖，焖1.5分钟，继续翻炒约30秒，待扁豆虎皮斑纹变得更明显且变皱。

| 私房小妙招 |

• 扁豆成熟的时候，扁豆的外观有虎斑纹和褶皱。

5 顺着锅边加入黄豆酱油，闻到酱油香味开始翻炒，加入锅中原料三倍的开水煮制1分钟。

6 加入盐、白糖、白胡椒粉、鸡精。

7 煮片刻，汤汁变得有香气后，倒出2/3的汤汁，备用。锅内扁豆的量要没过汤汁，可以支撑放入的面条，然后再分散地下入面条，锅边四周可以上汽，加盖焖制2分钟。

8 加入一半步骤7的汤汁，顺着锅边倒入，不要淋在面上，继续焖制2分钟。

9 将面条用筷子挑散，在面条上淋入剩余的汤汁，盖上锅盖，把面条的汤汁收干，20秒后，改小火。

10 用筷子在锅内挑散面条，让面条裹上汤汁。

11 拌面以后，再加入米醋、香油，撒蒜末，开大火，搅拌出蒜香和醋香。

| 私房小妙招 |

• 扁豆和面条的用量是1:1，扁豆可以略微多一些，煸炒的过程中扁豆会缩水。

12 翻拌均匀，出锅装盘即可。扁豆焖面经过蒸、煮、焖之后，很有弹性，味道鲜香。

家传肉饼

jiachuanroubing

母亲离开我多年，
也许我遗忘了
很多关于母亲的事情，
可是我依旧
没有忘记她做的肉饼
的味道。

主料

- 中筋面粉500g
- 猪肉馅300g
- 水300g
- 葱200g

调料

- 姜末15g
- 盐适量
- 米醋（蘸食肉饼）
- 料酒25g
- 胡椒粉3g
- 食用油50g
- 酱油30g
- 味精5g（选用）

使用工具

• 平底锅 • 刷子 • 菜刀 • 出菜盘
• 手铲 • 擀面杖 • 菜板

和面

在中筋面粉中加入水，和成面团，中间需要搋面两次，醒后备用。

|私房小妙招|

• 面粉和水的用量为5:3。尽量不要使用高筋面粉，使用普通的中筋面粉即可。

• 和面的时候，使用冷水和面，边倒水边搅拌。和面时，手推面、面推水，先把面揉成雪片状，然后再缓慢加入水，再成团。面的软硬程度和耳垂的软度差不多即可。

• 和面过程中，用手指蘸水，搋一搋面。搋面过程中，手也要蘸水，沿着盆的边缘，将盆里的干粉都揉进面团里，做到面光、盆光、手光。

• 和面的时候，要先醒，再揉制，之后再二次醒，二次揉制。一共醒三遍，搋三次。充分地揉面，将面团和匀。

调馅

将姜末、料酒、酱油、盐、胡椒粉、味精（选用）加入肉馅中调拌均匀，再加入食用油30g，葱切成大葱花 ，备用。

|私房小妙招|

❶ 肉馅和葱花的用量的是1:1。

❷ 烙饼最好使用鸭油或者鸡油，或者植物油也可以。

❸ 在肉馅中拌入植物油，用筷子拌开，先放入盐、料酒，酱油，馅要拌得又干、又黏。再放入胡椒粉，最后再放一些油，最后干拌馅的状态是馅料成团但是不黏。

❹ 馅料讲究“吃姜不见姜”，要把姜切成细碎状。

制饼坯

1 将面团分割成小面团，取其中1个面团，擀成长60厘米、宽40厘米、厚0.5厘米的大片。

2 将盐均匀撒在面皮上，用手掌拍实。在面饼上撒一点油。

放入馅

在面皮的短边留5厘米不放馅，其余部分用肉馅涂满、涂匀。将切好的葱花均匀撒在肉馅上。

|私房小妙招|

❶ 卷制前，再将葱花和肉馅混合，不要混合得太早。肉馅混合时，要拌肉馅，不要搅动。

❷ 抹馅的时候，要将肉馅铺满，不要使劲压面。在抹好的肉馅上再抹一点油。

卷制

1 顺着长边的方向开始卷，直至预留的5厘米处，开始收口。

|私房小妙招|

• 将肉饼卷两头的面头去掉。

2 包2～3张即可，封口（不露馅）醒制备用。

擀制

擀制时，先用手轻轻地将已封口的肉饼卷压成饼状，用擀面杖轻轻敲压成饼状，再擀成0.8厘米厚的肉饼。

烙制

1 将锅预热至五成热，放入少许底油（也可用猪油擦锅释放油脂或者用植物油），中火下入油饼坯，烙制起焦壳翻面，刷水油加盖烙制1分钟，再翻面刷水油烙制。

2 盖上盖，焖制30～50秒，重复两到三次，中途转动9次，三翻、九转，待饼内充气，出锅装盘即可。

|私房小妙招|

❶ 准备一碗水油，清水和油的用量是4:1，放入3g盐拌匀，即可调出烙饼时刷的水油。

❷ 起锅，用猪肉皮擦锅，肉皮中的油脂会析出。烙饼的时候将猪肉皮推到锅边。

传统锅贴

chuantongguotie

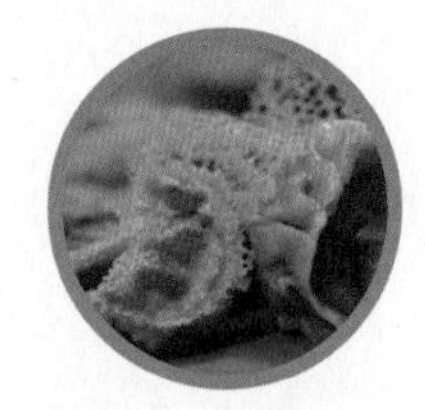

金黄酥脆，
外焦里嫩！
好学不难做，
诱人的味道更是
百吃不腻。

主料

锅贴面用料

- 面粉500g
- 开水100g
- 凉水170g
- 油40g

牛肉大葱馅用料

- 牛肉馅（纯瘦）500g
- 清水500g
- 盐10g
- 小苏打5g
- 鸡蛋1个
- 白糖4g
- 黄豆酱油30g
- 白胡椒粉5g
- 料酒15g
- 姜末30g（选用）
- 鸡精5g（选用）
- 玉米淀粉适量
- 食用油50g
- 大葱500g
- 香油10g

冰花水用料

- 面：油：水=1：2：10

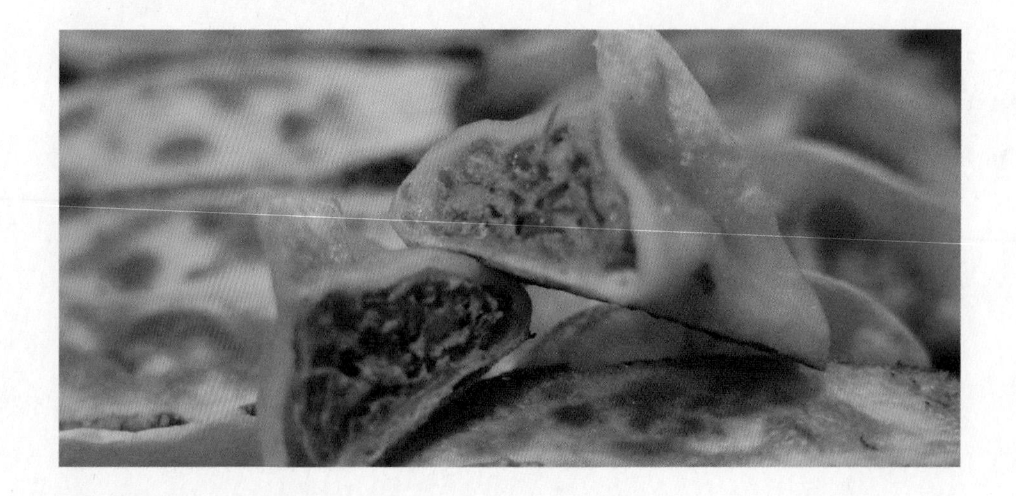

使用工具

• 煎锅 • 手铲 • 擀面杖 • 菜刀 • 菜板 • 出菜盘

锅贴面制作

1 和面：在面粉中加入开水搅拌片刻，再加入凉水揉面，和成半烫面面团，加盖醒制10分钟。

|私房小妙招|

• 烫面是指用沸水来和面。面粉使用中筋面粉。烫面的时候要尽量烫至没有干粉的程度，一边倒开水，一边搅动。

• 和面的方式和春饼（P135）有点像，烫面后先放凉，再加入凉水继续和面。

2 将面团二次揉制，加入10g油，使表面变光滑，再醒制10分钟。

|私房小妙招|

• 和面的时候手推面、面推水，一边和面一边加水，水加在干粉处，不要多放水，防止面团太软。如果面软了，可以加点干粉。判断面团的软硬适中程度可以用如下方法：可以在按揉时轻轻转拳，面团软硬度类似手虎口处上方皮肉时，面团就和好了。

3 将面团揪成若干个单个重量为10g的小剂子，擀成面皮备用。

牛肉大葱馅制作

1 选用纯瘦牛肉馅。

2 牛肉馅中加入等量的水，加入盐、小苏打、黄豆酱油、鸡蛋，搅拌均匀。

|私房小妙招|

拌肉馅时各种食材放入的顺序如下：

• 先放一个鸡蛋，再放小苏打，先放3勺水，再放入黄豆酱油。如果不喜欢放小苏打，也可以用无糖苏打水替换小苏打，将苏打水当作水来用，也可以起到同样的作用。木瓜汁、姜汁都可以起到给肉馅增嫩的作用。

- 要缓缓、逐渐加水，边加入边搅拌。再放入盐。
- 拌好的肉馅需要醒一会儿。

3 加入白糖、白胡椒粉、料酒，加入水，继续搅拌。放入姜末，搅拌均匀上劲。牛肉馅搅匀以后，放入一点玉米淀粉，有助于牛肉更好的成团。

|私房小妙招|

- 做馅的时候，尽量用姜末，姜水的味道不如细碎的姜末好。

4 豆瓣葱内放入香油，减少葱的臭味，保留葱的清香味。

5 调入30g食用油或葱油、橄榄油，增加馅的香气，搅拌均匀备用。

6 最后将500g肉馅拌入500g葱中，使用馅料时再将葱加入肉馅里拌均匀。

|私房小妙招|

❶ 和馅时讲究“吃姜不见姜”，姜末要切碎。姜是温性的，姜皮是寒性的。如果需要暖胃的时候，不要带姜皮。

❷ 豆瓣葱的切法是将葱白处横向划4刀，再翻转180度，再横向切几刀，这样的葱头像一朵花，有很多瓣，然后再开始切葱花，刀距大一些，葱花切出来大小像豆瓣大小，正合适。

❸ 包之前，再将豆瓣葱和牛肉馅搅拌在一起。

包制&煎制方法

1 包制，将肉馅放入面皮中，先对折不封口，从右向左捏出均匀的褶皱，捏成虾饺状。

|私房小妙招|

- 带冰花的锅贴，包制时是需要封口的，样式和形状可以多种多样。

2 调制冰花浆，面、油、水的用量为1:2:10，面粉中先加入油，搅拌均匀后加入水，调匀即可，备用。

3 煎制，在煎锅内倒入少许底油，码入包好的锅贴，摆成圆形，中火煎制出焦壳。

|私房小妙招|

- 放入锅贴的时候，锅贴之间要留有适当间隙，再倒入冰花浆。第一次煎制的时候，大火煎制，盖上锅盖，锅贴的底壳上点焦色。焖20分钟之后，倒入冰花浆。

4 倒入全部冰花浆，加盖煎制直至听到清脆声音时，开盖继续煎制冰花呈浅金黄色。

|私房小妙招|

- 倒入冰花浆，摇一摇锅以后，再加盖。始终是用大火加热，用锅内的热气将冰花浆焖熟。
- 掀开盖之后，冰花没有干的地方，可以放在火上烤干。

5 出锅前改小火，晃一下冰花，将盘子扣在锅上，用盘子按住锅，翻锅装盘即可。

老北京糊塌子

laobeijing hutazi

做法简单，
营养好吃还实惠，
是早餐的不二选择。

主料

- 中筋面粉150g
- 西葫芦150g
- 鸡蛋150g

调料

- 食用油30g
- 胡椒粉3g
- 香油2g
- 味精3g（选用）
- 酱油5g
- 香葱（切末）15g
- 盐5g
- 米醋10g
- 大蒜30g

擦丝

将西葫芦擦成丝。

|私房小妙招|

• 将西葫芦擦成丝的时候，不用去皮。西葫芦在擦丝的过程，渗出的汁水要留用，这样糊塌子的口感才会更绵软。

摊制

将中筋面粉下入西葫芦丝内，稍微搅拌，打入鸡蛋，搅拌均匀，加入冷水和成糊状（状态：可均匀挂勺壁）。

|私房小妙招|

• 中筋面粉和西葫芦的用量为1:1。将面粉和西葫芦丝先混合，拌匀后再放入2~3个鸡蛋，搅拌均匀。加入冷水，多次缓慢加入水，左右、来回搅动面粉，增加面粉的流动感，避免面粉上劲。

调味

1 加调味品：放入盐、味精（选用）、胡椒粉。搅拌入味。

|私房小妙招|

• 搅拌时，使用稍大一些的勺子。如果加入葱、姜的话，姜末一定要切碎。葱末使用小香葱口味更清新。还可根据个人喜好，加入其他食材。

2 调制三合油：将大蒜切成末备用，吃糊塌子一般会配蘸料一同食用。在蒜末中加入米醋和酱油，米醋和酱油的用量是2:1。加入香油，搅拌均匀。

|私房小妙招|

• 三合油是糊塌子的蘸料。

调味

1 摊制：用饼铛加热（也可用平底锅），放少许油，放入2勺面糊。用平铲均匀地摊平面糊，当底部起壳儿、出现“沙沙”声时，将其翻面。

|私房小妙招|

- 糊调匀之后，基本上就是一勺糊就能烙制一张糊塌子。
- 放入糊之后，将糊摊开，撒入香葱末，再点几滴油。
- 在糊塌子上撒香葱时，趁面粉糊没有完全干透，稍微再点几滴油，这样葱末就完全嵌入糊塌子里，不是浮在糊塌子表面。

2 翻个儿之后，中火煎至出现虎皮花纹儿，再翻面。

|私房小妙招|

- 若使用平底锅，翻面之后，在糊塌子的外圈处再点几滴油。之后一定要晃动锅，让其受热均匀。
- 摊饼的时候，讲究“三翻九转”，火候要均匀，灶眼中间和两边的火力要一样大，这样才是最合适的。

3 撒上香葱。煎出双面儿虎皮花纹状，即可出锅装盘儿。改刀装盘，在糊塌子上切“米”字，切好后叠放。

|私房小妙招|

糊塌子食材搭配较合理，做法简单、用时少。制作时，若加入其他食材，尽量使用根茎类蔬菜，少用绿叶类蔬菜。

老北京炸酱面

laobeijing zhajiangmian

40分钟的炸酱过程是
制作时的关键，
面码的选择也是重头戏，
从春季的香椿到
冬天的心里美萝卜，
一年四季的时令蔬菜，
都被拌在了这碗面里。

主料

- 黄豆酱300g
- 五花肉丁（或肉末）100g
- 面粉500g
- 食用油30g
- 干黄酱100g
- 葱、姜、蒜末各50g
- 凉水190g

配料

- 泡发黄豆100g
- 鲜香菇100g
- 小萝卜100g
- 绿豆芽100g
- 黄瓜100g
- 鲜豌豆100g
- 芹菜100g
- 心里美萝卜100g
- 青蒜100g
- 红椒100g

调料

- 盐3g
- 料酒50g
- 味精5g
- 白胡椒粉3g
- 黄豆酱油20g
- 白糖15g
- 香油5g

使用工具

- 炒锅
- 菜刀
- 盛菜盘
- 漏勺
- 炒勺
- 墩子
- 擀面杖

制作手擀面

1 和面：在面粉中加入凉水，和成面团，加盖醒制10分钟。第一遍揉面的面团越湿润越好，面团要和至略硬的程度。

|私房小妙招|

- 和面时用的是高筋面粉，水要多放一些。面里不要加盐。和面的时候讲究“手推面，面推水”。和面时，要先将面搅拌至呈雪片状，从“大雪片”到“小雪片”，再揉成面团。
- 和面讲究“三光”：手光、盆光还有面光。一边和面，一边推着面去擦动盆的周围。搓面成团的时候，尽量让面成团。

2 将面团二次揉制，面团两头叠加着揉，会使面更上劲。表面光滑后，再醒20分钟。

|私房小妙招|

• 将面团和得稍微硬一些，这样擀出来的面条比较筋道。

3 将面团擀成0.2厘米厚的长方形大片。

4 将大面片叠成梯形，切面条，抖散后，煮熟，备用。

炸酱

1 将干黄酱用毛姜水稀释至轻微挂在筷子上的状态，澥开的干黄酱的浓稠度和鲜黄酱一样即可。

|私房小妙招|

• 毛姜水是用姜的边角料，加入30g料酒后用温水泡。把姜泡一下，姜的味道就会融到水里。

2 锅中加入食用油，用中火加热，下入五花肉丁（肉丁的大小和黄豆粒大小相近），煸炒至呈金黄色，让肉丁中的油脂溢出，肉丁炒至焦黄之后加入姜末、蒜末，煸炒出香味，改成小火，炒至姜末和蒜末微微发焦。

|私房小妙招|

• 姜末的量要大一些，使用姜末与蒜末可以更好地激发酱的酱香气。肉丁的比例不能超过酱的1/3。炒酱时要时刻留意以免煳锅。

3 加入稀释好的干黄酱和黄豆酱，用中火熬制、炒散，加入120g毛姜水，中小火熬制。再加入10g料酒熬制10分钟左右。

|私房小妙招|

• 传统做法是炒酱时用老北京干黄酱和鲜黄酱。我将方子稍微做了改动：黄豆酱（鲜黄酱）和干黄酱的用量为3∶1或者4∶1。不要用甜面酱来做炸酱，甜面酱里面的糖分如果炒制时间过长，糖会焦化，口感会苦。

4 熬制过程中要不停、慢慢地推动，慢慢将水分炒出，注意防止煳锅，当酱表面出现“鱼眼泡”时，再加入120g毛姜水。

5 再次出现“鱼眼泡”时第三次加入100g毛姜水，先搅匀再开中火。分三次加水的过程，就是“炸”酱。

|私房小妙招|

• 一次性放入340g水和酱在锅内熬制，是熬酱，味道和炸酱不同。

6 酱香味出来之后，加入10g料酒、黄豆酱油（根据炸酱的颜色放入酱油来调色）、白糖、盐、白胡椒粉、香油、味精，继续用中火炒至上色返油即成。

7 炒酱的最后阶段，搅动不能停，依然需要酱均匀地受热。酱的颜色会越来越深，炒到酱开始反油并出现小鱼眼泡后，炸酱就可以出锅。

|私房小妙招|

• 放入白糖之后，酱的颜色会发生变化，会慢慢地自然上色至呈棕褐色。

准备面码

将黄瓜、心里美萝卜、小萝卜切成直径为0.1厘米的细丝备用。将鲜香菇、芹菜、红椒、青蒜、芹菜切成0.5厘米见方的丁，分别焯水备用。将绿豆芽、泡发黄豆、鲜豌豆焯水备用。

|私房小妙招|

• 面码选用当季的时令蔬菜，吃炸酱面时虽然只有一碗面，但要配七碟八碗面码。从春季的香椿到冬天的心里美萝卜，一年四季的时令精华食材，都被拌在了这碗喷香的炸酱面里。

• 葱花要在吃之前放在炸酱内，将凉葱热酱一拌，既能避免葱出现臭味，又能增加炸酱的口味。

破酥包子

posubaozi

破酥包的制作灵感，
来自云南特色食品
“鲜花饼”。
层层起酥，
油润不腻，
口感膨松酥软。

主料

- 泡发干香菇50g
- 水发木耳100g
- 排叉100g
- 胡萝卜100g
- 泡发粉丝100g
- 冬笋100g
- 菠菜100g

辅料

- 油10g
- 鸡蛋4个
- 香油适量（选用）
- 盐6g
- 胡椒粉4g
- 味精5g

面团辅料

- 面粉500g
- 猪油50g
- 盐2g
- 酵母10g
- 泡打粉5g

和面与开酥步骤

1 面粉中加入酵母、泡打粉，用温水和成面团，经“三揉三醒”后，备用（每隔10分钟揉制一次）。

|私房小妙招|

• 发面的揉制过程很关键，要尽量揉开、揉透。二揉二醒之后，第三次揉面和醒面要间隔4分钟。

2 将醒好的发面擀成厚3～4毫米的长方形大片，在高处撒2g盐，用手将盐拍入发面中。均匀涂抹一层猪油，约50g。

|私房小妙招|

• 抹酥是指在擀好的长方形大片上抹上一层猪油并涂抹均匀。用手

抹酥的效果比刷子要好一些。油的厚度不要特别厚，但是要涂满。

3 卷酥：从一头卷起，边卷边抻，将空气卷入面卷内。封口后搓成长条备用。盖湿布醒制2分钟。

|私房小妙招|

• 卷酥的时候，将空气卷入其中，蒸完之后，面酥皮口感会更丰富。

4 搓成条，开口处两端收口，让外面的面包裹住里面的面，搓揉面条，稍微醒制之后，再制成面剂子。

|私房小妙招|

• 醒面条的时候，尽量用布或保鲜膜盖一下，醒3分钟即可。

馅心制作步骤

1 将3个鸡蛋打散，先将锅烧热，倒适量油，倒入蛋液迅速搅动，炒成细碎鸡蛋末，放凉。

2 将制作馅心用的食材切成丁和末：

① 菠菜焯水，过凉后挤干水分，切成碎末。

|私房小妙招|

• 菠菜里有草酸，另外菠菜本身含水量比较大，焯水20秒即可，捞出后放在冷水里浸泡一下，挤干水分之后再切末备用。菠菜切好之后，再次去水，有利于素馅抱团。

② 将泡发干香菇切丁，冬笋焯水后切成小丁。

③ 将水发木耳、胡萝卜、泡发粉丝分别切成末。

④ 排叉用刀压碎后切成末。

3 将步骤2的食材混合后调拌均匀。下入炒好的鸡蛋末，加入盐、味精、胡椒粉，调拌均匀。使用前加入排叉碎。

|私房小妙招|

❶ 排叉碎可以帮助馅料抱团，黏合素馅。混合排叉碎要等到馅料包入面皮之前再与蔬菜混合。

❷ 馅料调好之后，再加入1个生鸡蛋，起黏合馅心的作用，能增加馅料的黏性。

4 将制好的面剂子擀成直径为13厘米左右、中间厚四周薄的包子皮，放入馅心。轻轻地包、捏10个褶左右，封口即成。切勿用力提褶，以免破坏酥层。

|私房小妙招|

• 面剂子在揪好之后，要把剂子整形，剂子两头也要修整形状。

5 笼屉内抹少许油，码入包子，包子之间留些距离，旺火蒸15分钟即成。

|私房小妙招|

• 也可用制作水煎包的方法进行水煎破酥：锅内倒入一点油，稍微煎制包子，锅内放入少许水，盖上盖，煎制10分钟即可出锅。撕开包子之后，可以见到包子的酥层和纹理。

西湖牛肉羹

xihuniurougeng

像绵绵细雨一样，
味道清新。
清淡营养又美味，
简单易学。

主料

- 牛里脊肉100g
- 鸡蛋2个
- 香葱适量
- 豆腐100g
- 香菇2个
- 清水900g

调料

- 盐8g
- 胡椒粉3g
- 清水120g
- 姜末5g
- 水淀粉160g
- 料酒适量
- 香油2g
- 味精5g（选用）
- 白糖2g
- 小苏打2g
- 料酒10g
- 玉米淀粉40g

刀工处理

1 将牛里脊肉、豆腐、冬菇切成0.4厘米见方的小丁，香葱切末备用。

|私房小妙招|

• 传统做法中使用干香菇比较多，现在使用鲜香菇比较方便，省去了泡发的过程，另外汤羹中也没有干香菇的异味。

2 水中加入玉米淀粉、2g盐、白糖、2g胡椒粉、料酒、小苏打腌制底味，加入牛肉丁抓拌、上薄浆。

|私房小妙招|

• 腌制时，在碗内先放入牛肉总量1/5的水。

• 先放入10g玉米淀粉，再依次放入盐、白糖、胡椒粉、料酒搅拌成浆，之后放入小苏打。

• 放入切好的牛肉丁，抓拌搅拌好的浆液和牛肉，抓拌至混合上劲，起黏性，醒片刻之后，再次搅拌。

3 牛肉丁温水下锅，去除浮沫，将豆腐丁与冬菇丁焯水，鸡蛋打散，备用。

|私房小妙招|

❶ 香菇切丁之后，焯烫之后再使用。豆腐丁可以和香菇丁一同焯烫，同时锅内放少许盐。盛出的时候，要带点汤水盛出，防止豆腐的大豆蛋白冷却以后凝固粘连在一起。

❷ 焯烫牛肉丁时，先盛出一勺热水倒在腌制牛肉的碗中，先轻轻地拌一下牛肉，拌散以后，再将牛肉丁放在锅内，牛肉丁在焯烫时就不会黏成一团。

❸ 稍等10秒，不用等牛肉完全开锅，即可捞出。

❹ 捞出时，用炒勺将锅内的热水淋在捞出的牛肉丁上，冲掉浮沫。开锅前盛出，将牛肉的杂味、异味都留在锅内的焯水里。捞出的牛肉丁要充分沥净水，不留一点血汤。

4 锅中加少许底油，煸炒葱末、姜末出香味，加水，调味加入6g盐、白糖、味精、料酒。

|私房小妙招|

• 锅中加入底油之后，用大片姜在锅内蹭一下，加水后取出姜片，开始调味。调味时加入胡椒粉可以去除牛肉的异味。

5 下入焯烫好的原材料，放入水淀粉勾芡，淋入鸡蛋液。

|私房小妙招|

❶ 沥干焯烫好的豆腐丁和香菇丁，放入锅内。开锅之后，撇去浮沫。

❷ 放入牛肉丁，等待汤水开锅之后，砸入芡汁。炒勺从高处将芡汁砸入锅内，然后再轻轻地推汤水。二次勾芡的时候，在汤水起泡、沸腾的地方，淋入芡汁。

❸ 将蛋清搅打均匀，放置几分钟，待蛋清液表面的浮沫消失之后，再准备下锅。先关火，淋入蛋清液，类似砸芡的方式，像绵绵细雨一样，将蛋清液淋入锅内。

6 淋少许香油，撒香葱末即可。

|私房小妙招|

❶ 关火出锅前，撒入香葱末。取葱叶和葱白中间的部分，看起来颜色鲜亮，味道也清新。香葱要撒在羹上，可以被汤液拖住。

❷ 汤和羹略微有点区别，汤的浓度要稀薄一些，羹稍微浓稠一点。

❸ 西湖牛肉羹盛出之后，一定要清澈透底，所有的食材都悬浮在汤液内，不能沉底也不能都漂浮上来，食材都包裹在汤汁的中间。

编辑手记：在演播室升起人间烟火

厨艺就像生活本身，充满了哲学味道

何亮说，他的创造力都来自生活。厨房从来是生活艺术的世界，柴米油盐酱醋茶，般般都需要智慧的眼睛和细腻的观察。何亮的每一道新菜都离不开他对生活的热爱，他在生活中观察别人的做法，融合自己的巧思，加以创造和改良。用他自己的话说："有时候在做菜的过程当中、在教别人做的过程中，或者在拍视频的过程中，你会发现某些点，哎，有点不一样。"

他做过一道新菜叫作"浸汁鱼"。原本想做一道糖酒熏鱼，要把糖酒汁跟炸好的鱼一起去烧，结果在颠勺的时候，炸好的鱼不小心掉到凉汁里边去了。他就索性直接把鱼捞出来尝了尝，偶得的味道，还真是很不错。就这样无巧不成书，"浸汁鱼"成了餐桌上的一道美味。何亮说："生活中你要发现新东西，就要在试错的情况下，或者在错误里面，看看有什么可以让我们挖掘的东西，这样你就能够把一些试错的东西，变成一个新的东西。很多时候，你要一味地想去创新，往往新不了；但是偶然的灵感，不寻常引起的启发，把它应用到菜品里面去，反而能创新。"

有人说何亮是"职业散发魅力选手"，锅碗瓢盆变奏曲的艺术家，他被称为"华北地区家庭主妇最喜爱的男人"，是北京卫视的常客，诸多美食节目的明星主持人，也是抖音上有近 700 万粉丝的知名大厨。了解他的人都知道，他是一个全面发展的国家级烹饪大师。

创新、跨界需要知识和技术的底蕴。何亮会做热菜、面点、冷菜，也会雕刻，甚至还会做西餐。创造者融会贯通地运用自己的经验，把生活的零星点滴串联起来，将对生活美学的追求凝聚为一道色香味俱全的新菜，将人间烟火里的每一份细腻都呈现在舌尖上，就如同人生，从点到线再到面，完成一个成长的过程。

"一桌菜就像一首交响乐，有一个音符不对，就会有人说这首交响乐不高级。有时候，一道菜做不好，也会让你的这一桌菜品质降低。做菜，也是综合性的知识和技能的累积，你要把这些知识和技能的点、线、面全部做到位了，才能让整个菜品的档次提高，一个点都不能忽视，这就是厨艺的严谨。"

人人都是生活艺术家，创造可以发生在每个厨房里

创造新菜对于每个热爱生活的人来说，都不是挑战。何亮是一个朋友很多的人，在自媒体上他也愿意与粉丝互动。聊起与朋友、粉丝一同切磋厨艺的故事，他很有感触，“粉丝也好，朋友也好，网友也好，他们都有自己的优势。当他们跟着我的菜谱，把做好的菜分享给我的时候，我就能发现，他们做的菜品有很多闪光点。厨师也要有发现美好的眼睛，你既需要善于观察，也得吐故纳新，要把别人优秀的地方吸收成自己的，然后再总结、调整自己制作过程当中的错误，取长补短，经年累月，就会在厨艺上有很大提升。比如有的人说，原来这点我老做不好，但是在学习了别人的制作方法以后，获得了一点小突破。只要尽量保持住，日积月累、滴水石穿，就获得了厨艺的成长。”

没有一下就成功的，这人成功了，那么在他成功之前，肯定要摔很多跟头，只有为一件事情奋斗很多次，他才能做到别人眼中的成功。

撰文：杨柳、烟火白茶

北京卫视《养生堂》栏目组
出 品 人：余俊生
总 监 制：徐 滔　马 宏
监　　制：邵 晶　田 天
副制片人：华剑雄　王 泓　刘 哲
版权运营：北京京视健康科技有限公司
运营委员会：田 丰　沈安伟　黄明晓　张保君
运营总监：杨 柳
内容统筹：曹延卿　何 约
美食摄影：李子豪　赵泉程

图书在版编目（CIP）数据

何大厨说味道 / 何亮，北京广播电视台《养生堂》栏目组著．—北京：中国轻工业出版社，2023.10

ISBN 978-7-5184-4533-2

Ⅰ．①何…　Ⅱ．①何…②北…　Ⅲ．①饮食—文化—中国—通俗读物　Ⅳ．①TS971.2-49

中国国家版本馆 CIP 数据核字（2023）第 164073 号

责任编辑：卢　晶　　责任终审：李建华

整体设计：锋尚设计　　责任校对：晋　洁　　责任监印：张　可

出版发行：中国轻工业出版社（北京东长安街6号，邮编：100740）

印　　刷：北京博海升彩色印刷有限公司

经　　销：各地新华书店

版　　次：2023年10月第1版第1次印刷

开　　本：787×1092　1/16　印张：13

字　　数：250千字

书　　号：ISBN 978-7-5184-4533-2　定价：98.00元

邮购电话：010-65241695

发行电话：010-85119835　传真：85113293

网　　址：http://www.chlip.com.cn

Email：club@chlip.com.cn

如发现图书残缺请与我社邮购联系调换

221607S1X101ZBW